Verdammt zur Spitzenleistung

Unternehmer Medien

Führung von Familienunternehmen
Band 1

Dr. Christoph Weiß

VERDAMMT ZUR SPITZENLEISTUNG

Ein Arbeitsbuch für Unternehmer

Dritte Auflage

Unternehmer Medien

Die Deutsche Bibliothek – CIP-Einheitsaufnahme

Dr. Christoph Weiß:

Verdammt zur Spitzenleistung, Ein Arbeitsbuch für Unternehmer - Bonn: Unternehmer Medien, 2007 [Dritte Auflage]

(Führung von Familienunternehmen; Bd. 1)

ISBN 978-3-937960-02-9

© 2007 Unternehmer Medien GmbH [Schlossallee 10 • 53179 Bonn]

Umschlaggestaltung und Satz: Diana Schaack, Bonn

Druck und Bindung: medienHaus Plump GmbH, Rheinbreitbach

Internet: www.unternehmer-medien.de

INHALTSVERZEICHNIS

»Wir brauchen Unternehmer,
die Orangenbäume pflanzen,
und keine Manager,
die ihr Ziel darin sehen,
aus gepflückten Orangen
den letzten Saft zu pressen.«

Dr. Christoph Weiß

VORWORT

Es gibt Tage, an denen komme ich - obwohl ich ein optimistischer Mensch bin - deprimiert nach Hause. Nicht, weil mir die üblichen Probleme in der Firma auf den Magen schlagen, das gehört dazu, sondern weil ich wieder einmal das »Vergnügen« hatte, mit Unternehmern aus Handel, Industrie oder Dienstleistung zusammenzusitzen und mir deren Sorgen und Nöte anhören musste! Mein Gott, diese Leute können einem wirklich Leid tun!

Jetzt spielt hier die Bank nicht mehr mit, dort probt der Betriebsrat den Aufstand, woanders ist der größte Kunde abgesprungen: Geschichten über Geschichten. Und dann diese Hilflosigkeit, dieses Gejammere! Bis mir klar wurde: Diesen Leuten kann keiner helfen. Die brauchen das!

Dieser Sorte Unternehmer rate ich dringend ab, das Buch zu lesen. Es könnte sie wirklich unglücklich machen, da sie erkennen müssten, dass nicht die unglücklichen Umstände ihr Problem sind, sondern sie selbst!

Also habe ich das Buch für Unternehmer geschrieben, denen klar ist, dass Erfolg oder Misserfolg ihres Unternehmens in aller erster Linie von ihnen abhängen und dass sie jeden Tag dazu beitragen müssen, dass ihr Unternehmen erfolgreich arbeitet. Die am Ende ihrer Schaffenszeit aus Überzeugung sagen wollen: Dieses Unternehmen hat erfolgreich viele Turbulenzen überstanden, und zwar »wegen mir« und nicht »trotz mir«! Die stolz auf das zurückblicken wollen, was sie aufgebaut haben!

»Verdammt zur Spitzenleistung« ist in diesem Sinne auch eine ganz bewusste Provokation, um deutlich zu machen: In vielen Unternehmen in Deutschland ist es nicht mehr fünf vor zwölf, sondern schon kurz nach zwölf! Wer jetzt nicht aufwacht, wird mit seiner Firma untergehen.

Mein Freund Georg Bachler hat mit dem Buch »Spitzenleistungen« (Verlag Überreuther) den ersten Schritt getan, indem er auf die persönlichen physischen und mentalen Voraussetzungen für Spitzenleistungen im Unternehmen eingegangen ist. Diese stellen die prinzipielle Vorbedingung für alles andere dar.

Ich möchte Unternehmern helfen, ihren persönlichen Weg zu finden, sofern sie die richtige mentale Einstellung besitzen. Ja, ich will: Aber wie packe ich es jetzt am Gescheitesten an, damit am Ende ein überdurchschnittlich erfolgreiches Unternehmen steht? Dabei geht es nicht darum, eine neue Managementlehre einzuführen, sondern darum, die Umsetzung bekannter Theorien - vor allem der Wettbewerbstheorie von Michael Porter - anzumahnen und Hilfe zur Selbsthilfe zu geben.

In dieses Buch fließen 25 Jahre internationale Managementerfahrung ein, aus verschiedenen Industrien und aus verschiedenen eigenen Rollen. Das Interessanteste ist, dass es »nur« drei Prozesse sind, die ein Unternehmer wirklich beherrschen muss, wenn er nach Spitzenleistungen strebt, egal, wo auf der Welt, und in welcher Branche:

> ► Ein Unternehmer muss seinen Betrieb in die Lage versetzen, Probleme wirksam und nachhaltig zu lösen sowie neue Chancen zu nutzen. Dieser Prozess heißt »BASICON«, weil er fundamental für jedes Unternehmen ist und einer Logik folgt.
> ► Ein Unternehmer muss seinen Betrieb auf absolute Spitzenleistungen trimmen. Dies leistet der »T.O.S.«-Prozess (Totale Operative Spitzenleistung).
> ► Ein Unternehmer muss in seinem Betrieb eine nachhaltige Erfolgsdynamik etablieren, gerade in konjunkturell schwierigen Zeiten. Dieser Prozess heißt »HELIX«: Die Erfolgsspirale.

Das Buch führt in alle drei Prozesse ein. Zugegeben, manche Ausführungen mögen »apodiktisch« und vielleicht sogar schulmeisterlich erscheinen - speziell dann, wenn Sie seit Jahren in der Unternehmensführung tätig sind. Ich musste jedoch lernen, dass das Experiment »Spitzenleistung« überall dort gescheitert ist, wo »goldene Mittelwege«

gesucht und gefunden wurden, oft mit tragischem Ende. Daher suche ich bewusst die Provokation. Ohne wenn und aber! Um die Unternehmer zu unterstützen, deren Bauch schon lange signalisiert: Mit Konsens und Kompromissen ist kein eigenständiges Profil zu entwickeln!

In diesem Sinne hoffe ich, dass Sie den Mut haben, Ihr Unternehmen auf Spitzenleistung auszurichten und die drei Prozesse zu verankern.

An dieser Stelle bedanke ich mich ganz herzlich bei meiner Frau Ute, die mich in den letzten 25 Jahren in großartiger Weise unterstützt hat, so dass ich dem Thema »Management« in Theorie und Praxis frönen konnte. Ihr soll dieses Buch gewidmet sein! Daneben gilt besonderer Dank meiner Sekretärin Barbara Huber sowie Diana Hildebrandt für die sorgfältige Bearbeitung des Manuskripts und der Grafiken. Sie haben viele Stunden in das Projekt investiert! Nicht zuletzt auch mein Dank an Dr. Reinhard Nenzel und den Verlag für die Bereitschaft zur Veröffentlichung sowie die hervorragende Zusammenarbeit bis zur Publikation.

Dr. Christoph Weiß

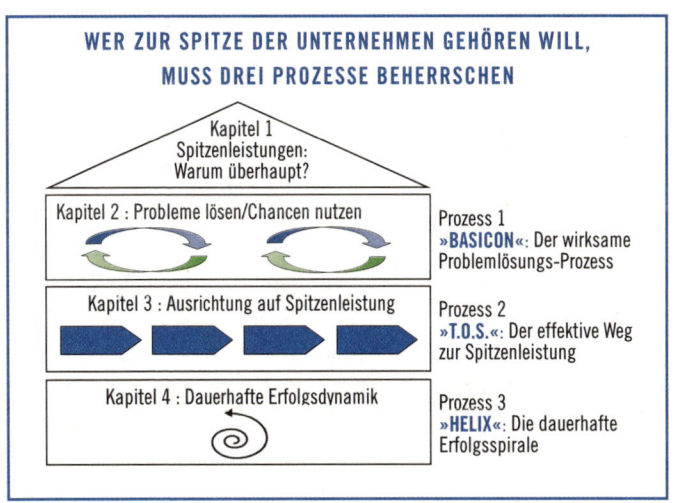

WER ZUR SPITZE DER UNTERNEHMEN GEHÖREN WILL,
MUSS DREI PROZESSE BEHERRSCHEN

Kapitel 1
Spitzenleistungen:
Warum überhaupt?

Kapitel 2 : Probleme lösen/Chancen nutzen

Prozess 1
»BASICON«: Der wirksame
Problemlösungs-Prozess

Kapitel 3 : Ausrichtung auf Spitzenleistung

Prozess 2
»T.O.S.«: Der effektive Weg
zur Spitzenleistung

Kapitel 4 : Dauerhafte Erfolgsdynamik

Prozess 3
»HELIX«: Die dauerhafte
Erfolgsspirale

1. WARUM EIGENTLICH?

Zum Einstieg eine kleine Prüfung. Kurze Fragen - kurze Antworten:

- ▸ Ist Ihr Rohertrag in den letzten drei bis fünf Jahren kontinuierlich gestiegen? Ja, super!
- ▸ Ist Ihre Umsatzrendite auch gestiegen? Ja, super!
- ▸ Steigt auch Ihr Marktanteil? Ja, ganz hervorragend!
- ▸ Steigt auch noch der Durchschnittswert pro Artikelposition? Ja!

Dann bringt Ihr Unternehmen Spitzenleistung!

Legen Sie das Buch bei Seite. Ihnen werde ich nicht viel Neues bieten können. Sie sind einfach Klasse! Viel Spaß beim Golfen - oder womit Sie sich sonst gern in Ihrer Freizeit befassen. Entspannen Sie sich, denn es gelingt Ihnen, die Leistung, die Sie und Ihr Unternehmen erbringen, Ihren Kunden so zu verkaufen, dass diese bereit sind, für den Wertbeitrag Ihrer Firma angemessen zu bezahlen. Und zwar, ohne die Komplexität Ihres Unternehmens durch eine ausufernde Artikel- und Variantenvielfalt permanent aufblähen zu müssen, was sich meist erst viel später bitter rächt. Ich gratuliere Ihnen und hoffe, dass Sie diese tolle Entwicklung auch in den nächsten Jahren fortsetzen können!

Wenn Sie allerdings eine der ersten drei Fragen mit »Nein« beantworten müssen, sollten Sie unbedingt weiterlesen, denn dann läuft etwas schief. Zumindest aber bahnt sich Ungemach an!

Offenbar gelingt es Ihnen nicht mehr, Ihren Kunden Ihre Leistung zu vernünftigen Preisen zu verkaufen, weil ein lieber Mitbewerber eine bessere Preis-Leistungs-Positionierung gefunden hat. Ihr Kunde kauft entweder schon beim Mitbewerber oder er akzeptiert Ihr Produkt nur noch, wenn Sie Preiszugeständnisse machen, die höher liegen, als die Kosteneinsparungen, die Sie parallel erzielen können. Sie befinden sich bereits in der Todeszone »Mittelmaß«!

Wenn zugleich der Umsatz pro Artikelposition sinkt, sitzen Sie zusätzlich auch noch in der Komplexitätsfalle. Von da bis zum Absturz ist es nur noch ein Schritt. Wie groß dieser Schritt ist, hängt davon ab, welche finanzielle Substanz Ihr Unternehmen hat und wie fett die Prozesse sind. Im günstigsten Fall schaffen einige Runden »Prozess-Reengineering« noch ein paar Jährchen Luft, indem sie für künstlichen Sauerstoff sorgen. Im schlimmsten Fall, wenn Sie schon komplett »reengineered« sind, steht die Pleite kurz bevor.

Fundamental restrukturiert ist Ihr Unternehmen allerdings erst, wenn Sie die ersten drei Fragen klar und eindeutig mit »Ja« beantworten können - bei konstanter Komplexität (Frage 4).

Was ist in den letzten Jahren passiert?
Die beiden wichtigsten Schlagworte heißen Globalisierung und Hyperwettbewerb. Der Erklärungsansatz begründet, warum viele Menschen heute berechtigte Angst verspüren, wenn diese Vokabeln ausgesprochen - und als Bedrohung empfunden - werden.

Beginnend in den 70er Jahren, forciert in den 80er Jahren und heute mit voller Wucht wirkend, ist die nahezu uneingeschränkte Wareneinfuhr aller Güter dafür verantwortlich, dass die Güterpreise kontinuierlich fallen: Je mehr Produktionskapazitäten für Güter jedweder Art in absoluten Niedrigkostenländern wie China, Indien, Südkorea, aber auch in Polen, Tschechien und Russland, aufgebaut werden, um so mehr drängen diese Güter zu uns und ziehen das Preisniveau auf bislang ungekannte Tiefen herunter. Sehr zur Freude der Verbraucher, aber zum Leidwesen der traditionellen Produzenten. Und es kommen jeden Tag neue Kapazitäten dazu!

Die Billigimporte schlagen auch auf Ihr Preisniveau durch. Wenn Sie aber Ihre Kosten in entsprechendem Maße senken können und vielleicht sogar noch schneller, dann sind Sie Preisführer. Und das ist ein Weg aus der Todeszone »Mittelmaß« - zumindest für's Erste. Wenn Sie das so beibehalten wollen, müssen Sie freilich absolute Spitzenleistungen bringen und der Konkurrenz immer einen Schritt voraus sein. Prozess-Optimierung ist Ihr Kerngeschäft genauso wie permanente Wertoptimierung am Produkt oder an der Dienstleistung. Komplexität bekämpfen Sie mit allen Mitteln, Fett gibt es nirgends, Effizienz ist Trumpf. Jeder Tag begegnet als gewaltige Herausforderung, besonders in den Hochkostenländern Europas, in den USA und Japan. Spitzenleistung eben!

Aber aufgepasst! Da hat sich zeitgleich und parallel ein zweiter elementarer Trend entwickelt, der den anderen Weg aus der Todeszone »Mittelmaß« beschreibt.

Während die Massenmärkte immer heftiger unter Preisdruck geraten sind, hat sich ein Feld entwickelt, das als Premium-Segment bezeichnet werden kann: Der Preis spielt (fast) keine Rolle, was zählt, ist Leistung, Leistung und nochmals Leistung: schneller, leichter, qualitativ hochwertiger, luxuriöser, modischer, sicherer - eben superlativer. Dahinter stecken immer Marken, deren Vorzüge oft schon Kleinkinder in Pausenhofgesprächen rühmen: Die markenbasierten Leistungsführer.

Bieten wir etwas, was andere nicht bieten, wofür eine ausreichende Anzahl Kunden bereit ist, einen hohen Preis zu akzeptieren? Der Maybach für 360.000 Euro, das 7-Sterne Hotel »Burij al Arab« in Dubai, die Luxus-Yacht, das T-Shirt von Versace, der First-Class-Flug oder die Sondermaschine, die Leistungen bringt, die keiner schlagen kann.

Jeden Tag Perfektion zu bieten, erstklassige Produktqualität, höchste Designqualität, perfektes Engineering, größtmögliche Aktualität im Modetrend, höchstmögliche Sicherheit, ständige Lieferbereitschaft, absolut perfekter Service, klarer Innovationsvorsprung - Spitzenleistung!

Hier ist es die Kunst, besondere Leistung in entsprechende Zahlungsbereitschaft der Kunden umzusetzen. Und das gelingt langfristig nur, wenn der Kunde nachvollziehen kann, dass er hier etwas geboten bekommt, das er nirgends billiger erhält - es sei denn, dass er als Käufer ins andere Lager wechselt, um bewusst auf Leistung zu verzichten und bei den Preisführern zu kaufen. Preisführer oder Leistungsführer heißt: Billigmarkt oder Premiummarkt.

Dazwischen liegt die Mitte. Jene, die alles können, aber nichts richtig - vor allem keine Spitzenleistung. Abfällig gerne auch als »Bauchläden« apostrophiert. Und genau für diese Mitte wird es verdammt eng! Leider haben das viele Vorstände und Unternehmer noch nicht kapiert. Vielleicht gibt es die Mitte in absehbarer Zeit überhaupt nicht mehr - und damit auch sehr viele Unternehmen, die sich heute in der Mitte immer noch sicher fühlen.

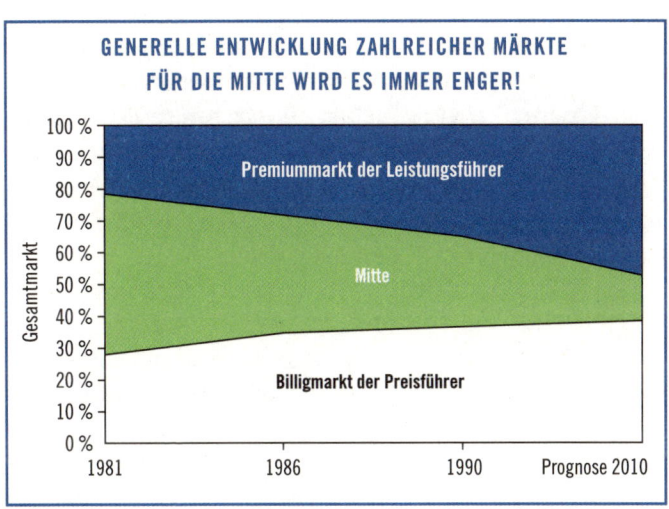

Doch zurück zu den Leistungsführern. In Bezug auf die ersten drei Fragen bedeutet markenbasierte Leistungsführerschaft folgendes: Es gelingt Ihnen durch exzellente Leistungen immer mehr Kunden von Ihren Produkten und Dienstleistungen zu überzeugen - und das, obwohl Sie die Preise tendenziell stärker steigern als Ihr Kostengefüge dies erforderlich macht. Sie wecken in steigendem Umfang die Zahlungsbereitschaft Ihrer Zielkundengruppe und münzen dies in Marktanteile und steigende Gewinne um. Wenn Sie zugleich die Komplexität im Griff behalten und beherrschen, ist dies gerade für Hersteller und Dienstleister mit exzellenten Marken in Hochkostenländern ein idealer Ausweg aus der Todeszone »Mittelmaß«! Aber auch dieser Weg erfordert jeden Tag Spitzenleistungen und nochmals Spitzenleistungen!

Mit dem Wechsel von den klassischen Verkäufermärkten in den 50er bis 70er Jahren zu reinrassigen Käufermärkten ist ein Paradigmenwechsel verbunden, dessen Konsequenzen offenbar von vielen Unternehmensführern noch nicht begriffen wurden: Die Verbraucher sind kritisch geworden! Sie können täglich aus dem totalen Überangebot genau das auswählen, was sie wollen - und was sie sich leisten können. Es gibt fast keine Märkte oder Marktsegmente mehr, die nicht von Überkapazitäten gekennzeichnet sind. Der Aufbau dieser (Über-)Kapazitäten in Verbindung mit neuen Standortmöglichkeiten, die bis vor wenigen Jahren verschlossen waren - denken wir nur an unsere östlichen Nachbarländer, die vor 1989 noch nicht einmal ohne Weiteres bereist werden konnten - bieten heute nahezu unbegrenzte Möglichkeiten. Dieser Umstand hat den Käufermärkten in Verbindung mit der Öffnung der Länder in Südost-Asien den endgültigen Durchbruch verschafft.

Die volkswirtschaftlichen Implikationen für die »reichen« Industrienationen sind bitter: deflationäre Tendenzen, steigende Arbeitslosigkeit, Verschiebungen in den Leistungsbilanzen (wer hätte gedacht, dass China schon 2002 einen erheblichen Teil des US-amerikanischen Leistungsbilanzdefizits finanziert und 2005 bereits über rund 700 Mrd. US-Dollar Devisenreserven verfügt?) sowie erkennbare Schwierigkeiten, das Wohlstandsniveau der breiten Bevölkerung zu sichern. Dies alles soll hier nicht näher untersucht werden, doch die Entwicklungen sind unübersehbar und haben unmittelbare Konsequenzen für die Unternehmen in den alten Industrienationen, die hier auch ihre Hauptabsatzmärkte haben. Die Kaufkraft der breiten Bevölkerung wird sinken und damit den Druck auf die »Mitte« noch deutlich erhöhen.

Käufermärkte: Das Schreckgespenst für Mittelmaß!

Der aufgeklärte Käufer informiert sich. Er vergleicht Preise - auch über Landesgrenzen hinweg, unter Zuhilfenahme des Internets und notfalls auch mit Unterstützung von Preisagenturen. Der aufgeklärte Käufer hat Zeit für Leistungsvergleiche und weiß ganz genau was er will: Er will das Beste, aber bitte so günstig wie möglich! Man »...ist doch nicht blöd!«, wie die dazu passende aggressive Werbung unterstreicht. Eine repräsentative Befragung unter Internet-Benutzern zeigt, das über 60 % Preis- und Produktvergleiche als ihre Hauptanwendung betrachten!

Wenn ich hier von Käufern spreche, meine ich natürlich gewerbliche Einkäufer genauso wie private. Beide Gruppen sind in ihrem Kaufverhalten kaum mehr zu differenzieren. Keine guten Nachrichten für Unternehmer! Wozu führt das? Ganz einfach: Über 80 % aller deutschen Unternehmen müssen mittlerweile mindestens eine der vier Eingangsfragen mit »Nein« beantworten. Das ist viel, werden Sie sagen, aber Hand auf's Herz - Ihr Unternehmen ist doch auch dabei, sonst hätten Sie das Buch schon bei Seite gelegt! Der Zusammenhang lässt sich grafisch mit einer Spirale darstellen:

DIE NEGATIV-SPIRALE ÜBERBESETZTER MÄRKTE

Aufbau Zusatzkapazitäten → Marktsättigung → Sinkende Preise → Sinkende Erträge → Abbau der Kosten

Neue Absatzwege — Neue Anwendungen — Verlust — Weniger Neuprodukte

Steigende Erträge — Marktaufbau — Neue Produkte — Unklare strateg. Positionierung — Ausscheiden aus dem Markt — Sinkende Umsätze

Sinkende Kosten — Steigende Umsätze — Beschädigung der Marke — Weiterer Kostenabbau

Aufbau Kapazitäten ← Steigende Erträge — Verlust von Kompetenzen

Märkte, die noch nicht von Überkapazitäten gekennzeichnet sind, erfüllen unsere vier Eingangsfragen hingegen leicht mit »Ja«! Das waren die Traumzustände für Industrie und Handel bis teilweise weit in die 80er Jahre: Klassische Verkäufermärkte! Und, man mag es kaum glauben, es soll solche Einzelmärkte hier und da immer noch geben.

Die Talfahrt beginnt, sobald so viele Kapazitäten installiert sind, dass sie die Nachfrage übersteigen. Dann wird's ernst! Und das Karussell beginnt sich zu drehen, aber leider in die falsche Richtung.

Wie schnell das heute geht, hat beispielhaft die Netzwerkindustrie vorgeführt. Gerade einmal fünf Jahre hat es gebraucht, bis Lucent, Nortel, JDS Uniphase, Cisco und Konsorten genug Kapazitäten aufgebaut hatten, um locker mehr als das Doppelte der Nachfrage produzieren zu können - und zwar der globalen Weltnachfrage! Seitdem werden Milliarden Dollar vernichtet, um diese Kapazitäten wieder einigermaßen auf die Nachfrage anzupassen - verbunden mit der Vernichtung von Kapitalvermögen gigantischen Ausmaßes! Alleine Lucent hat die Zahl seiner Beschäftigten innerhalb von zwei Jahren von 160.000 auf 30.000 abbauen müssen! Und es ist fraglich, ob das Unternehmen eine solche Rosskur überleben kann.

Eine Studie der Unternehmensberatung Mercer zeigt eindrucksvoll, dass es zwischen 1997 und 2001 nur 36 % der 500 größten Unternehmen Europas gelang, Umsatz und Gewinn zu steigern. Von Marktanteilen und Rohertrag ist noch überhaupt nicht die Rede. Und das in Jahren, die nun nicht gerade zu den schwierigsten in Europa zählen!

Hier geht es darum, welche Wege erkennbar sind, die Negativspirale nicht auf Ihr Unternehmen wirken zu lassen. Also trotz Überkapazitäten im Markt langfristig profitables Wachstum zu generieren!

Damit sind wir zurück bei den »aufgeklärten Kunden«. Was kaufen sie und warum? Ganz eindeutig: Produkte, bei denen Leistungsunterschiede nicht - oder nur in der Werbung - erkennbar sind, werden nach Preis gekauft. Das sind die 800 Produkte, die standardmäßig bei Aldi als Eigenmarke die Regale füllen. Solange der »Normgeschmack« erfüllt wird, ist Preis Trumpf! Je emanzipierter der Verbraucher, umso mehr Zulauf erleben Discounter - speziell in konjunkturell schwierigen Zeiten.

Seriösen Quellen zufolge lag der Marktanteil von Handelsmarken im Lebensmitteleinzelhandel 1998 noch bei 16,3 %, während er 2002 bereits 24,7 % erreichte und bis 2010 auf 30 % oder noch höher steigt. Dasselbe gilt natürlich auch für die Hersteller von Industrieausrüstung und Maschinen. Hier gibt es gegenüber immer besser informierten Einkäufern dieselbe Situation: Bei Standardleistung sinken die Preise!

Die Konsequenzen für die Hersteller dieser Güter: Zwang zur totalen Preisführerschaft! Sonst sind sie weg. Sie müssen schneller Kostenvorteile realisieren als ihnen die Einkäufer der Großkunden neue Rabatte und Preiszugeständnisse abringen! Wenn sie es nicht schaffen: Irgendwo auf der Welt gibt es immer einen, der es billiger macht, und zwar bei gleicher Leistung. Durch die Öffnung der Märkte gibt es mehr Anbieter, als uns allen lieb sein kann! Wir sind verdammt zur Spitzenleistung, auch zur totalen Preisführerschaft, mit allem was dazu gehört.

Was die Discounter im Konsumgüterbereich sind, ist das Internet für Produktionsgüter. Laut einer aktuellen Forrester-Studie steht ein stürmisches Wachstum von »E-Commerce-Plattformen« im »B-to-B« bevor. Während 2001 in Europa erst 77 Mrd. Euro über solche Plattformen abgewickelt wurden, waren es 2004 schon 950 Mrd. Euro und 2008 werden es sogar 2,2 Billionen Euro sein. Diese Zahl entspricht dann rund 22 % des gesamten Handels zwischen Unternehmen in Europa. Das ist schlicht gigantisch!

Aber was bedeutet diese Entwicklung für unsere Märkte? Auf solchen »B-to-B«-Plattformen werden standardisierte Produkte gehandelt:

Schrauben, Paletten, Büromaterial, Werkzeuge, Teile usw. Standardisiert heißt: Alle Artikel erfüllen eindeutig definierten Kriterien. Eine Differenzierung in der Leistung scheidet mithin schon per Definitionem aus!

Welche Art der Differenzierung bleibt also? Na klar, die Preisdifferenzierung! Und wer wird damit von dieser Marktentwicklung profitieren? Eindeutig die klaren Preis- oder Kostenführer natürlich. So ist das! Ob in Internet-Auktionen oder in Online-Katalogen: Sie werden immer nach Ihrem »letzten Angebot« gefragt. Da kommt die Wahrheit schnell auf den Tisch. Wer seine Kostenstrukturen nicht total im Griff hat, wird untergehen, weil nur der eindeutige Preis-/Kostenführer sein Angebot gewinnbringend darstellen kann! Alle anderen werden nichts mehr verdienen können. 2008 kommt bald, es bleibt nicht mehr viel Zeit!

Aber unser moderner Käufer zeigt auch eine zweite Seite seines Verhaltens. Er ist »leistungsbewusst«! Überall dort, wo er weiß, dass es auf »Leistung« im weitesten Sinne ankommt, wird er wählerisch. Das tolle Auto, die Designer-Klamotte, die Top-Espressomaschine, das ultimative Mountainbike, das 3-Sterne-Restaurant oder die Sondermaschine mit ihren klar definierten Anforderungen. Produkte und Dienstleistungen, die den »No-Name«-Preis-Käufer in Sekunden zum Individualisten machen. Sozialprestige muss sein - bei allem Preisbewusstsein.

Partygäste fragen nicht mehr, ob Erdnüsse oder Snacks No-Names oder Markenartikel sind - geschmacklich besteht ja ohnehin kein Unterschied (mehr), da alles aus denselben Fabriken kommt. Dieses Konsumentenverhalten ist ein Alptraum für jeden Markenproduzenten. Bei Wein und Sekt - Verzeihung: Champagner - sieht das vielleicht noch etwas anders aus. Bis auch hier die »Edelmarken« schwach werden und »No-Name« im Fass liefern. Oder bis Maschinenbauer chinesische Komponenten verbauen und damit ihr Produkt austauschbar machen.

Worüber wird geredet? Über das Auto, über Uhren, neue Küchengeräte, Mode, Zigarren, Urlaubsreisen, Restaurants und natürlich über die Dienstleister, die das tägliche Leben angenehm (Friseur, Feinkost-laden, Modeboutique) oder unangenehm (Handwerker, Reparatur-Werkstatt) machen. In der Industrie - über Spitzenleistungen an Aus-bringung, Präzision, Toleranzen, Taktgeschwindigkeiten usw.

Es ist kein Zufall, dass ausgerechnet China 2005 den Import von Ma-schinen um über 50 % gegenüber 2003 gesteigert hat und heute bei Textil-, Werkzeug- und Kunststoffmaschinen auf dem Weltmarkt zu den bedeutendsten Abnehmern zählt. Auch die Chinesen, die uns im Konsumgüterbereich als Preisführer erhebliches Kopfzerbrechen be-reiten, wissen, dass es in der eigenen Produktion darum geht, Top-Lei-stungen zu erbringen. Und das heißt, Maschinen von den weltweiten Leistungsführern der jeweiligen Marktsegmente zu beziehen. Zu Prei-sen, die exakt dem jeweiligen Leistungsniveau entsprechen!

Es geht um Kundenaufmerksamkeit - und damit um Leistung!
Wer als Hersteller Gegenstand von Party-Gesprächen sein will, muss absolute Spitzenleistung bieten oder gnadenlos günstig sein. Wer will sich schon eingestehen, dass er sich dies oder jenes nicht leisten kann oder, noch schlimmer, dass er viel zu teuer kauft! Zwar wird auch hier versucht zu feilschen, doch im Mittelpunkt steht klar das Leistungsan-gebot in seiner Einmaligkeit und Einzigartigkeit, das die Leistung so be-gehrenswert macht.

Auf der einen Seite geht es also um Leistungsführerschaft durch Inno-vation, um Qualität, um individuelle Leistungsangebote, um Kundenser-vice und Modetrends. Alleinstellungsmerkmale eben, die sich üblicher-weise unmittelbar mit einer oder wenigen Marken identifizieren lassen. Und auf der anderen Seite geht es um eindeutige Preisführerschaft!

Was aber wird mit den vielen Angeboten in der »breiten Mitte des Marktes«? Angebote, die weder in die Kategorie »Leistungsführer« noch in das Genre »Preisführer« einzuordnen sind? Für sie wird es ver-dammt eng! Die breite Masse, die ihre Grundbedürfnisse relativ undifferenziert und unreflektiert deckt, gibt es in diesem Sinne immer weniger. Auch hier wird die Welt zunehmend digital: Entweder - bei undifferenzierten Produkten - billig oder ansonsten gleich den Leistungsführer! Das klassische Mittelmaß hat demnächst ausgedient.

Dies ist nicht zuletzt eine Frage der immer weiter voranschreitenden Segmentierung der Märkte, die vor allem von Unternehmen vorangetrieben wird, die zumindest in einem Zielsegment Leistungsführerschaft anstreben. Ihre Zukunft liegt in der Nischenbildung.

Hat es im Automobilbau lange genügt, das Segment Cabrios vom Segment Limousinen zu unterscheiden, wird heute weiter nach Altersgruppe, mit Kindern, ohne Kinder usw. unterschieden. Dieser Ansatz heißt »Mass Customization«: Jeder noch so kleinen Zielgruppe wird ihr ganz individuelles Produkt geboten - Leistungsführerschaft eben!

Fachleute werden spontan sagen: Aber von der Nische können wir doch nicht leben, die ist doch viel zu klein. Wie soll das gehen? Hier gilt: Täuschen Sie sich nicht! Zum einen kommen bei einem Leistungsführer, der sich wirklich darauf konzentriert, latente Probleme seiner Kunden besser zu lösen als alle seine Wettbewerber, zu bestehenden Nischen stets weitere Nischen mit dazu. Mal eher zufällig, mal ganz gezielt und strategisch. Das liegt schon in der Natur des Denkens des Leistungsführers: Er muss hochgradig innovativ sein und dies eröffnet ihm Marktchancen in Gebieten, die letztlich immer breiter werden. So »entdeckt« ein Spezialist für Werkzeuge in Tischlereien den Bootsbau, den Musikinstrumentenbau, den Trockenbau jeweils wieder als eigenständiges Marktsegment.

Zudem entfaltet die Globalisierung für Leistungsführer auch ihre positiven Seiten: Nischen bzw. Marktsegmente müssen, besser: dürfen, global bearbeitet werden. Gerade die aufstrebenden Schwellenhändler stellen heute, aber erst recht in den kommenden 20 Jahren, ganz hervorragende Wachstumsmärkte unserer Leistungsführer dar!

Laut einer Studie von Boston Consulting werden 2004 bereits 5 % aller klassischen Luxusgüter (Mode und Accessoires) auf dem chinesischen Markt abgesetzt. Dieser Anteil wird in Zukunft noch deutlich steigen! Hinzu kommen Russland, Korea, Indien, Malaysia um nur einige zu nennen. Indessen wird jede zweite Schweizer Luxusuhr bereits in Fernost verkauft. Mit wachsender Kaufkraft in diesen Ländern wächst natürlich auch die Zahl der Menschen, die sich »etwas Besonderes leisten können«. Exportquoten von 50 % und mehr sind für diese Luxusgüter-Unternehmen schon heute eher Norm als Ausnahme.

Die Erkenntnis der Digitalisierung der Märkte ist schlimm, gerade für die Unternehmen, die im Mengenmarkt Marktführer sind, weil sie sich gleichzeitig in zwei Richtungen verteidigen müssen: Zum einen gegen Billiganbieter, die dauernd versuchen, das Preisniveau nach unten zu ziehen, verbunden mit entsprechendem Margenzerfall. Dem durch reine Kostensenkungen zu begegnen, ist zu kurz gesprungen, denn meistens hinkt der Kostenabbau dem Margenzerfall um ein bis zwei Jahre hinterher. Keine beneidenswerte Situation. Zum anderen müssen sich diese Unternehmen aber auch gegen die Spezialisten in neuen Marktsegmenten zur Wehr setzen, die sich dort als Leistungsführer etablieren, oft rasch ein hervorragendes Markenimage aufbauen können und überdurchschnittlich zulegen.

Wofür aber stehen alt ehrwürdige Marken, die weder Preis- noch Leistungsführer sind? Denken wir an Philips in der Unterhaltungselektronik, an Siemens bei Hausgeräten, an Fiat bei Automobilen, an Bosch bei Elektrowerkzeugen, an Festo bei pneumatischen Komponenten. Diese Anbieter sind noch Marktführer, weil sie die breite Masse bedienen. Aber es wird jeden Tag schwieriger für sie, sich gegen Preisführer im »Commodity-Bereich« bzw. gegen Leistungsführer in den differenzierten Segmenten durchzusetzen und ihre Position zu verteidigen. Oft schaffen sie das nur, weil genug finanzielle Substanz vorhanden ist, resultierend aus Exportmärkten oder Marktführerschaft in anderen Geschäftsfeldern, denen die »Digitalisierung« noch bevorsteht.

Die aber, die nicht auf solche Ressourcen zurückgreifen können, sind entweder schon untergegangen oder stehen im Überlebenskampf. Ein eklatantes Beispiel liefern aktuell die Fluggesellschaften. Eine Lufthansa ist heute aus zwei Gründen als Leistungsführer der Airlines zu bezeichnen: Durch ihre Fähigkeit, das Gefühl »Sicherheit« vermitteln zu können, und durch ihre Kundenbindungsprogramme. Das drückt sich in Ticketpreisen aus, die bei Linienflügen doppelt so hoch sind wie bei vergleichbaren Gesellschaften wie Air France oder British Airways. Daneben gibt es Ryanair und andere: für 29,90 Euro nach London! Bei allen Komfort- und Standortnachteilen: Im Preis unschlagbar!

Wer verdient Geld? Beide! Genauso wie Southwest-Airlines in den USA, die das Billigfliegen gewissermaßen erfunden haben. Und wer verliert Geld? Nahezu alle anderen: Über 9 Mrd. US-Dollar Verlust allein in 2002! Weder Preis- noch Leistungsführerschaft! So einfach ist das.

Dabei gibt es gerade in diesem Geschäft eigentlich überhaupt keine Geheimnisse mehr. Alle benutzen das gleiche Fluggerät und dieselbe Flughafen-Infrastruktur, die Kosten sind absolut transparent. Der einzige Unterschied liegt in der Auswahl und im Management dieser Ressourcen. Wer sich hier differenzieren will, muss mehr beherrschen als alle anderen. Die Kosten im Airline-Geschäft werden sinnigerweise gemessen in »Kosten pro verfügbarem Sitz pro geflogener Meile«!

Diese Kosten liegen für alle internationalen Fluggesellschaften der Welt etwa bei 12 Cents. Ein Preisführer wie Ryanair hat es geschafft, durch schlanken Overhead, geringe Crew-Kosten und viel geringere Flughafengebühren (weil andere Flughäfen) auf 4,5 Cents zu kommen, wobei es Ryanair gelingt, die Sitze für durchschnittlich über 5 Cents zu verkaufen. Dies gelingt nur deshalb, weil die klassischen Fluggesellschaften in den Preisen niemals mitziehen können, da ihre Kosten bei 12 Cents liegen und eben nicht bei 4,5. Also hat sich aus dem Massengeschäft der Mitte ein Segment der Preisführer entwickelt, das allen anderen ganz gewaltig Kapazitätsauslastung wegfrisst. Was tun? Preissenkungen auf breiter Front scheiden aus. Als einzige Alternative zur Überlebenssicherung bleibt nur noch eine Leistungsdifferenzierung, indem potenziellen Kunden über die Marke das Gefühl vermittelt wird: Hier wird Dir etwas ganz Besonderes geboten, hier bist Du »Senator«, hier gibt es Platz zum Liegen. Wir sind absolut pünktlich und - vielleicht das Allerwichtigste: Hier bei uns bist Du sicher. Mit unserer Airline gab es in den letzten 20 Jahren bei X Millionen Flugmeilen keinen Unfall, keine Notlandung etc.

Nur wenn dieses Bild stimmt und in sich rund ist, besteht die Chance, sich über die Leistungsdifferenzierung im Preis abzuheben und deutlich mehr als 12 Cents pro Sitz und Meile einzufliegen. Und dies nur, so lange die Kapazitäten ganz fein dem Bedarf angepasst werden für die Klientel, die als »Business Traveller« bezeichnet wird. So entsteht der Leistungsführer, der alles dafür tun muss, diese Leistung auf höchstem Niveau zu halten und seine Kunden langfristig an sich zu binden.

Alle anderen Wettbewerber werden bei Verkaufspreisen von 11 bis 12,5 Cents pro Sitz und Meile pendeln und mal satte Verluste, aber auch mal ein paar kleine Gewinne einfahren - abhängig von den Spiel-räumen, die ihnen die Kosten- und Leistungsführer je nach Strecke gerade noch lassen und abhängig von der jeweiligen konjunkturellen Großwetterlage.

In der Praxis werden diese Airlines endlos an der Kostenschraube dre-hen, nur um da oder dort noch ein Zehntel Cent herauszuholen. Meist bei den Personalkosten - zur totalen Demotivation der Belegschaft, die durch ihren persönlichen Auftritt gerade darüber entscheidet, ob Kun-den wieder buchen oder nicht. Bei alledem ist klar, dass die Universa-listen die Kosten der Preisführer nie erreichen und mit ihren frustrierten Mitarbeitern natürlich auch keine Leistungsführer werden.

Genau so wie die Spielräume künftig kleiner werden, werden diese »Alleskönner« aus dem Markt ausscheiden - müssen - es sei denn, es sind Staatsunternehmen, die irgendwelche Steuerzahler wider besse-ren Wissens durchfinanzieren müssen - aus Nationalstolz! Die Swissair (Swiss) darf hier als exemplarisch dienen. Die Airlines dieser Welt be-legen jedenfalls die Hypothese, dass nur Spitzenleister überleben. Alle Unternehmen sind in ihren Märkten verdammt dazu, als Konsequenz aus dem Hyperwettbewerb durch permanente Überkapazitäten.

Nehmen wir ein anderes - trauriges - Beispiel, die sogenannten »Neuen Länder«. Wäre es nur zu einer Öffnung der Märkte in Deutschland ge-kommen, stünden wir vor einer Renaissance des Wirtschaftswunders: die »Neuen Länder« wären Preisführer - und die »alten« Bundesländer hätten ein Problem. Passiert ist etwas Anderes: Weil die Preise für Ar-beit in Tschechien und Polen nur noch bei 30 - 40 % des ostdeutschen Lohnniveaus liegen, sind unsere »Neuen Länder« nie zu Preisführern geworden, weshalb die Wirtschaft auch nicht in Deutschland brummt!

Und Leistungsführer? Nach 40 Jahren sozialistischer Misswirtschaft ist es unfair, eine solche Qualität zu verlangen. Die absoluten Ausnahmen heißen Lange und Glashütte in der Uhrenmanufaktur, Porsche in Leipzig, Meißner Porzellan, Infineon in Dresden, Jenoptik, Wacker Chemie. Der Rest ist Mittelmaß mit den bekannten Folgen! Hier testet eine ganze Region, was es heute wirklich heißt, »Mittelmaß« zu sein. Zu hoffen bleibt nur auf unternehmerische Talente, die innovativ genug sind, sich Leistungsführerschaft vorzustellen, um die Region so aus der Todeszone »Mittelmaß« herauszuführen. Politiker, egal aus welcher Partei, können das nicht. Schaffen müssen das richtige Unternehmer.

Oder das Debakel um Fiat. Während die Leistungsführer Porsche, BMW, Audi und (noch) Mercedes von Absatz- und Gewinn-Rekord zu Rekord eilen, ringt ein Gigant der 70er Jahre, der in Italien unangefochtener Marktführer ist, mit dem Überleben. Auf Seiten der Preisführer geht es Toyota wirtschaftlich gut. Dazwischen, also in der Mitte, lagen oder liegen Ford und GM (Inkl.Opel) mit horrenden Verlusten, die aus der Substanz bezahlt werden. So hat GM bei einer lächerlichen Börsenkapitalisierung von gerade einmal 16 Mrd. US-Dollar zwischenzeitlich einen Netto-Schuldenberg von über 250 Mrd. US-Dollar aufgetürmt - eine unvorstellbare Dimension!

Ein letztes Beispiel soll die Tourismus-Branche sein. In den 70er und 80er Jahren vom Erfolg verwöhnt, sinnierte damals niemand über Strategien. Heute ist das Geschäft ebenfalls von totalen Überkapazitäten geprägt. Das Zeitalter der »Digitalisierung« hat begonnen. Fachleute resümieren, dass der klassischen Pauschalreise bald die Kunden fehlen. Menschen mit niedrigeren Einkommen wird sie zu teuer, während sie Wohlhabenden oft nicht mehr attraktiv genug ist. Der Markt polarisiert sich zwischen Schnäppchenjägern und Luxusreisenden.

Was heißt das alles jetzt für Sie und Ihr Unternehmen?
Es heißt nichts anderes als »Digitalisierung« der Märkte in zwei Lager: »Preisführer« und »Leistungsführer«. Dies zwingt jeden Unternehmer - ob er will oder nicht - sich für eines der beiden Lager zu entscheiden. Tut er es nicht, werden die Märkte sein Unternehmen früher oder später »zerlegen«. Das Unternehmen wird untergehen!

Entscheiden Sie sich für Preisführerschaft, heißt das: keiner erstellt eine definierte Leistung günstiger als wir! Wir haben über die gesamte Wertschöpfungskette hinweg Kostenvorteile, die unsere Profitabilität langfristig sichern. Wir können unsere Kosten schneller senken als wir zu Preiszugeständnissen auf der Absatzseite gezwungen werden! Wir beweisen unsere Preisführerschaft durch gezielte Maßnahmen, die für den Verbraucher direkt erfahrbar sind. Bis hin zu einer sofortigen Geldzurück-Garantie, wenn ein Artikel irgendwo billiger zu kaufen ist. Aldi, Dell, Ikea, Cosmos-Direktversicherung, Wal-Mart und Toyota sind die bekanntesten Namen dieser Spitzenklasse.

 Preisführerschaft heißt jedoch nicht: »Billigschrott« ohne einen echten Gebrauchsnutzen als Angebot. Das wäre ein ganz großes Missverständnis! Es bedeutet, dass alle wesentlichen Grundanforderungen an standardisierte Produkte und Dienstleistungen in jedem Fall erfüllt sind, allerdings das zu unschlagbaren Preisen! Das ist Preisführerschaft.

Entscheiden Sie sich für Leistungsführerschaft, müssen Sie sich intensivst mit den kaufentscheidenden Kriterien Ihrer Zielkunden auseinandersetzen. Nach welchen Merkmalen entscheidet Ihr potentieller Kunde, ob er dieses oder jenes Auto, Schreibgerät oder Fahrrad, diese oder jene Werkzeugmaschine oder Skiausrüstung oder was auch immer kauft? Oder wie er sich seine Geldgeschäfte mit der Bank vorstellt - oder mit Versicherungen! Entwickeln Sie möglichst eindeutige Alleinstellungsmerkmale für Ihre Produkte, die Ihre Leistungsführerschaft klar unterstreichen.

Innovationen der Neuheit wegen nutzen im Regelfall nichts. Es müssen nachhaltige Merkmale sein, die beim Kunden den entscheidenden Kaufimpuls auslösen! Sagen Sie nie, mit meinen Produkten ist das unmöglich. Sie glauben gar nicht, welche Einzelmerkmale eine einfache Spanplattenschraube hat: Kopf, Oberfläche, Material, Elastizität, Haltekraft usw. Eine Schraube! Allein 18 Formen und Geometrien für Schraubenköpfe bietet ein Schraubenspezialist heute an. Welche

Möglichkeiten bieten da erst »gewöhnliche« Artikel und Dienstleistungen, die wir täglich konsumieren oder für die Produktion beschaffen?

Die Beispiele haben hoffentlich die Kernbotschaft veranschaulicht: Es reicht bei weitem nicht mehr, nur da zu sein mit seinem Produkt oder mit seiner Dienstleistung und schöne Werbung zu machen! Wenn Sie heute Ihrem Kunden nicht klipp und klar erklären können, warum er ausgerechnet Ihr Produkt (oder Ihre Dienstleistung) kaufen soll und nicht die Produkte Ihrer dutzend Wettbewerber - dann werden Sie mit Ihrem Unternehmen früher oder später in Schwierigkeiten geraten. Und Sie werden dieses »Warum« durch konkrete tägliche Leistungen belegen müssen.

Nehmen wir das Beispiel eines schwäbischen Nudelfabrikanten. Hoch erfolgreich, weil er jedes Jahr drei oder vier neue Produkte entwickelt, die auf ganz spezielle Zielgruppen zugeschnitten sind. Statt klassischer Tüten mit 250 g oder 500 g gibt es dort eben welche mit 320 g! Für den Singlehaushalt, der nie genau weiß, ob er heute alleine isst oder ob noch jemand dazu kommt. In einem wettbewerbsintensiven Markt hoch profitabel und belohnt mit Marktführerschaft in Süddeutschland!

Ein anschauliches Beispiel, wie es nicht geht, bietet die deutsche Unterhaltungs-Elektronikindustrie: Von ehemals zwölf deutschen Geräteherstellern für Rundfunk und Fernsehen sind gerade noch Blaupunkt - als Spezialist für Autoradios (früher klassische «braune Ware») und der Fernsehhersteller Metz als Unternehmen mit deutschem Kapital übrig. Zuletzt wurde Loewe Ende 2004 vom Japaner Sharp übernommen. Wie alle anderen auch, die schon an Ausländer verkauft sind oder Konkurs angemeldet haben. Eine großartige Bilanz für die deutschen Unternehmer in einem Kerngebiet deutscher Technikkompetenz!

Die kaufmotivierende Beantwortung dieser «Warum-Frage» setzt in aller Regel absolute Spitzenleistung voraus, wenn Sie zugleich die vier Fragen der Einleitung mit einem klaren «Ja» beantworten wollen. Und das ist auch der entscheidende Punkt zur nachhaltigen Absicherung der Wettbewerbsfähigkeit Ihres Unternehmens.

Kurzfristige Preisführerschaft zu Lasten der Marge oder kurzfristige Leistungsführerschaft zu Lasten der Umsatzrendite sind kosmetische Täuschungen viel zu kurzfristig denkender Manager, die den nächsten Karriereschritt im Hinterkopf haben. Sie stellen keine Spitzenleistung dar und sollen ebensowenig gewürdigt werden wie Schlankheitskonzepte zu Lasten der Zukunftsentwicklung von Unternehmen.

Und noch einmal: Diese vier Fragen sind es, die Sie langfristig mit »Ja« beantworten müssen, sonst läuft etwas fundamental falsch.

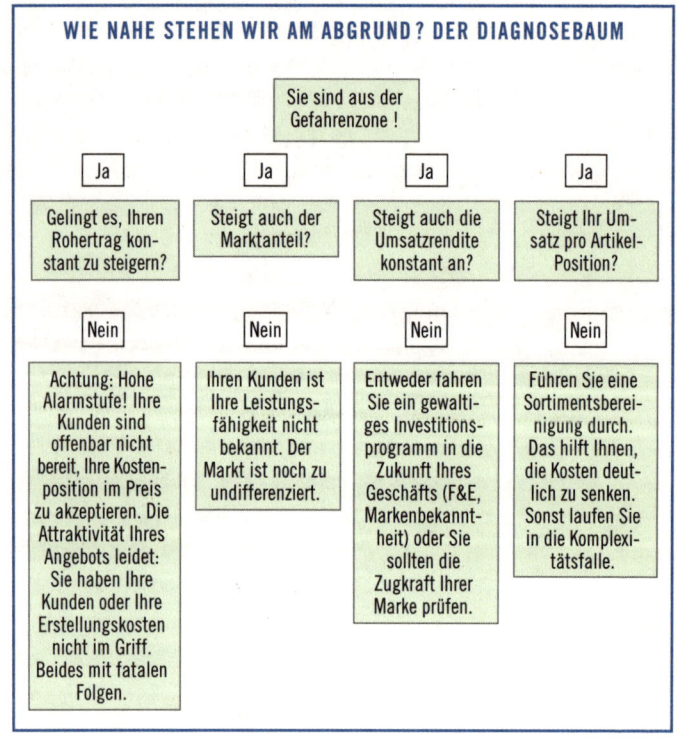

WIE NAHE STEHEN WIR AM ABGRUND? DER DIAGNOSEBAUM

Sie sind aus der Gefahrenzone !

Ja | Ja | Ja | Ja

Gelingt es, Ihren Rohertrag konstant zu steigern? | Steigt auch der Marktanteil? | Steigt auch die Umsatzrendite konstant an? | Steigt Ihr Umsatz pro Artikel-Position?

Nein | Nein | Nein | Nein

Achtung: Hohe Alarmstufe! Ihre Kunden sind offenbar nicht bereit, Ihre Kostenposition im Preis zu akzeptieren. Die Attraktivität Ihres Angebots leidet: Sie haben Ihre Kunden oder Ihre Erstellungskosten nicht im Griff. Beides mit fatalen Folgen. | Ihren Kunden ist Ihre Leistungsfähigkeit nicht bekannt. Der Markt ist noch zu undifferenziert. | Entweder fahren Sie ein gewaltiges Investitionsprogramm in die Zukunft Ihres Geschäfts (F&E, Markenbekanntheit) oder Sie sollten die Zugkraft Ihrer Marke prüfen. | Führen Sie eine Sortimentsbereinigung durch. Das hilft Ihnen, die Kosten deutlich zu senken. Sonst laufen Sie in die Komplexitätsfalle.

Stellen Sie selbst für sich und Ihr Unternehmen die Diagnose: Wo stehen wir? Ja, tragen Sie es ruhig ein! Man glaubt es eher, wenn es schwarz auf weiß da steht! Und - wie oft »Ja«? Und »Nein«? Ohne zu mogeln? Ganz ehrlich? Keine Bange, Sie sind in bester Gesellschaft!

WIE NAHE STEHEN WIR AM ABGRUND?
DIAGNOSE-CHECK-UP

Die Ergebnisse Ihres Unternehmens in den letzten fünf Jahren					
Jahr	1	2	3	4	5
Rohertrag in % vom Umsatz					
Marktanteil in %					
Umsatzrendite in %					
Umsatz pro Artikelpos. in Euro					
Wie oft Ja?			Wie oft Nein?		

Wenn Sie allerdings vier Mal »Nein« sagen mussten - heißt es handeln. Dann stehen Sie und ihr Unternehmen schon sehr nah am Abgrund! Warum möchte ich Ihnen auf den folgenden Seiten verdeutlichen.

Der Entscheidungsbaum beginnt nicht zufällig mit der Frage nach dem Rohertrag; hier, an der Schnittstelle zum Kunden, entscheidet sich, wer der Stärkere ist - Ihre Kunden oder Sie! Hat der Käufer - also Ihr Kunde, weil es zu Ihrem Angebot viele Alternativen gibt - die Hosen an, wird er versuchen, Ihnen seine Konditionen zu diktieren.

Deshalb ist der Rohertrag der beste Gradmesser dafür, ob Sie wirklich einen Wertbeitrag (»Value Proposition«) haben, der von Ihrem Kunden in Form des erzielbaren Preises »honoriert« wird. Sind Sie in dieser komfortablen Lage, spielen Sie Ihre Qualität, Ihre Produktvorteile oder Ihre generellen Leistungsvorteile als Leistungsführer aus - und Ihre Leistung wird trotzdem gekauft, auch wenn sie teurer sind.

Auch als Preisführer können Sie es sich offenbar erlauben, die Kostenvorteile, die Sie selbst realisieren, nicht voll an Ihre Kunden weiterzugeben. In beiden Fällen gestalten Sie also das Spiel - ansonsten treiben Ihre Kunden Sie vor sich her und diktieren zunehmend die Konditionen. Je vergleichbarer zum Wettbewerb, umso größer der Druck. Dass dies im Regelfall nicht zu steigenden Marktanteilen führt, ist nachvollziehbar. Solche Anbieter befinden sich permanent mit dem Rücken zur Wand in »Abwehrschlachten«, die kaum die Begeisterung bei den Kunden auslöst, die zwingend erforderlich ist, um gegenüber Wettbewerbern bevorzugt zu werden. Also dürfte bald der Marktanteil sinken.

Das Beispiel der Airlines hat gezeigt: Entweder es gelingt, den verfügbaren Sitz pro Meile deutlich über 12 Cents zu verkaufen - oder eben die Kosten deutlich unter 5 Cents zu drücken. Der eine als Leistungsführer, der andere als Preisführer. Weder noch geht nicht mehr.

Was tun? Kosten runter, wo immer möglich. »Re-engineeren« auf Teufel komm raus! So kommt es, dass die Umsatzrendite gerade in konjunkturellen Aufschwungphasen wieder steigt, obwohl der Rohertrag und der Marktanteil sinken. Die Beteiligten glauben, es sei geschafft. Unsere Mühe hat sich gelohnt. Kurzes Durchatmen. Das schlanke Unternehmen erhält noch einmal Rückenwind. Doch das ist ein fatales Missverständnis. Die Umsatzrendite stieg nicht, weil die Wettbewerbsfähigkeit aus Sicht der Kunden stieg - sonst müsste der Rohertrag steigen - sondern sie verbesserte sich nur, weil die drastisch reduzierten Kosten durch »unverschuldet« höhere Umsätze getragen werden, mit einer schönen, aber kurzfristigen Renditesteigerung. In der nächsten Krise wird der Rückschlag umso heftiger - und das Spiel geht weiter. Es wird erneut gepresst, entlassen, abgebaut, verlagert, entschlackt. Indessen ist es nur eine Frage der Zeit, wann das traurige Ende kommt.

Dieser Niedergang ist nur noch durch die Hereinnahme neuer Artikel und Dienstleistungen aufzuhalten, die aber in jedem Fall die Komplexität erhöhen und damit wieder Kosten generieren, die eigentlich weg müssen. Mit einer Ausnahme: Diese neuen Produkte führen zu einer wirklichen Neupositionierung des Unternehmens, indem Sie mit diesen echter Preis- oder Leistungsführer werden. Aber das sind ganz seltene Ausnahmen! Ein einziges neues Rettungsboot reicht nicht, um das sinkende Passagierschiff zu retten. Alles nicht besonders ermutigend!

Die einzige nachhaltige Lösung heißt: Spitzenleistung - und zwar so schnell wie möglich. Dabei geht es konkret um die fundamentale Entwicklung der drei Kernprozesse im Unternehmen, die ich Ihnen in den folgenden Kapiteln vorstellen möchte. Sie haben allesamt nichts mit Kosmetik, sondern viel mit harter Arbeit und Überzeugungskraft zu tun: »BASICON«, »T.O.S.« und »HELIX«.

Wir beginnen mit dem ersten Prozess: Zur Lösung von Problemen im Unternehmen stelle ich Ihnen eine Methodik vor, die sich auf dem Weg zu Spitzenleistungen bestens bewährt hat, weil sie auf fast alle relevanten Problemstellungen anwendbar ist: der »BASICON«-Prozess.

2. WAS IST MANAGEMENT - UND WARUM IST ES EINE KUNST?

Wer kennt ihn nicht, den Bestseller der 80er Jahre in der internationalen Managementliteratur: »Auf der Suche nach Spitzenleistungen« von Tom Peters und Robert Waterman. Für damalige Verhältnisse sicher eine beeindruckende Übersicht der TOP-Unternehmen, die in den 70er Jahren erfolgreich waren. Eines haben die Autoren aber nicht gefunden: den magischen Schlüssel für garantierte Spitzenleistungen. Sonst wären alle beschriebenen Unternehmen auch noch zehn oder zwanzig Jahre nach ihrem Erfolg als »excellent companies« erfolgreich. Dies ist aber nur in den seltensten Fällen so.

Von den beschriebenen Unternehmen ist ein Großteil nicht mehr eigenständig oder in bekannten Schwierigkeiten. Nur ganz wenige Beispiele der Excellence-Geschichten lassen sich auch heute noch unzweideutig in die Kategorie der »Leader« einordnen. Nur fünf Jahre später waren nur noch 14 der ehemals 43 Spitzenunternehmen als top bzw. als exzellent einzustufen. Heute sind es gerade noch eine Hand voll.

Damit wird deutlich, worin das Dilemma der Betriebswirtschaftslehre seit ihrem Bestehen liegt, dass sie nämlich in hohem Maße mit Fallstudien operiert oder sich in Detailfragen verliert, ohne an die wirklichen Gesetzmäßigkeiten für langfristig erfolgreiche Unternehmensführung heranzukommen. Von einer Wissenschaft über die qualifizierte Führung von Betrieben zu sprechen war deshalb schon immer gewagt.

In Ermangelung einer »Allgemeinen Theorie erfolgreicher Unternehmensführung« tobt sich die Managementlehre auf Einzelgebieten der Forschung und Optimierung aus, denen jedoch immer noch ein Gesamtzusammenhang fehlt. Nirgendwo sonst sind die Modebegriffe und die Schein-Patentrezepte inflationärer als in der Unternehmensführung. Dies ist auch nicht verwunderlich, da Millionen von Unternehmern, Shareholdern und Managern weltweit auf dieser »Suche nach Spitzenleistungen« sind, ohne dass sie echte Unterstützung finden.

Je nach »Großwetterlage« gelten Marketingkonzepte, Globalisierungsstrategien oder strategische Allianzen als vermeintliche Allheilmittel, die sich aber oft schon bald darauf als Unheil erweisen, da unter den allerneuesten konjunkturellen Rahmenbedingungen Kostensenkungsstrategien und «Lean-Konzepte» gepriesen werden. Dass derart Verwirrte nach Hilfe suchen, ist verständlich. Doch glauben Sie wirklich, Picasso wäre so naiv gewesen, Malstunden abzuhalten, um sich seine eigene Konkurrenz heranzuziehen? Wenn er überhaupt hätte formulieren können, warum gerade seine Kunst am Markt so erfolgreich ist.

Kunst kommt von »Können« und hat immer etwas Geniales an sich, vor allem, wenn es um »Spitzenkunst« geht. In diesem Sinne bleibt es auch in der Wirtschaft nur ganz wenigen Talenten vorbehalten, als die Management-Picassos ihrer Zeit in die Annalen einzugehen. Hier sollen die »Basics« angelegt werden, mit denen sich Talente entwickeln können - zumal gerade hierüber allzu oft Unklarheit besteht.

Wer Talent hat und verstanden hat, dass es heute auf den Märkten um wirkliche Spitzenleistungen geht, der sollte auf einem soliden Fundament aufsetzen und genau dieses soll hier geschaffen werden.

Was ist Management eigentlich, analytisch betrachtet?
Die Begriffe, die Ausdruck der täglichen Führungsaufgaben sind, sind uns allen bestens vertraut: Kosten senken, Produktivitäten erhöhen, Umsätze steigern etc. Aufgeblasen mit kunstvoll zuammengesetzten Substantiven schmücken sie Bücher und Beratungsfolder: Gemeinkostenwertanalyse, Kapitalproduktivitätssteigerung (ROI-Management), Umsatz-Steigerungsprogramme, Multi-Business-Strategien, »Multi-Wunder-Konzepte« - wer kennt diese Reizvokabeln nicht?!

Aus ihnen lassen sich wieder Teilgebiete abgrenzen, die immer spezieller und verzweigter werden. Ein großes Feld für »Halbwissenschaften«. Jetzt ist der Moment gekommen, von Expertenwissen zu sprechen - und der Schritt zum Fach-Idioten ist nur noch klitzeklein!

Eine Studie der Unternehmensberatung Bain hat festgestellt, dass in Großunternehmen im Schnitt 13 bis 14 Managementwerkzeuge zum Einsatz kommen. Hierunter fallen »Tools« wie «Benchmarking«, Kundensegmentierung oder »Customer Relationship Management«. Dies entspricht in etwa dem Ergebnis einer Untersuchung aus dem Jahr 1998. Aber: Haben sich die Unternehmensergebnisse seither gravierend verbessert? Wohl kaum. Übrigens wird die Firma Ford mit den meisten Managementwerkzeugen besonders erwähnt: 17! Bravo!

Im Herbst 2002 konnte man lesen, der Aktienkurs von Ford habe sich nochmals halbiert, man habe die Produktionskosten nicht im Griff und erwarte für das Geschäftsjahr erhebliche Verluste. Kurz darauf liest man sogar: »Ford wird als Ramschanleihe gehandelt«. Dementsprechend wurde das Unternehmen damals gerade noch mit 25 Mrd. US-Dollar bewertet, während Nissan und Honda immerhin das Doppelte und Toyota das Sechsfache schafften!

Das ist doch genau das Dilemma: Werkzeugkiste auf, »Tools« raus - passend zum jeweiligen Problem; Programm des Monats, »Activity of the year«..., statt gelegentlich wirklich gründlich über das Geschäft zu reflektieren! Bei all den konkurrierenden »Tools« und Beratungskonzepten ist der Blick für das Wesentliche - für die simple Frage: »Was ist Management vom Sinngehalt her eigentlich?« - verloren gegangen.

Wenn wir uns vergegenwärtigen, was wir den ganzen Tag über tun, so lässt sich alles auf zwei Kernaufgaben reduzieren. Mehr ist übrigens auch Management nicht! Unternehmensführer oder Manager werden dafür vergütet, dass

> ▸ ihr Unternehmen nicht von Problemen erschlagen wird und dass
> ▸ Chancen, die sich bieten, konsequent genutzt werden.

Je besser es gelingt, beide Aufgaben auf einmal zu lösen, umso erfolgreicher ist das Unternehmen auf lange Sicht.

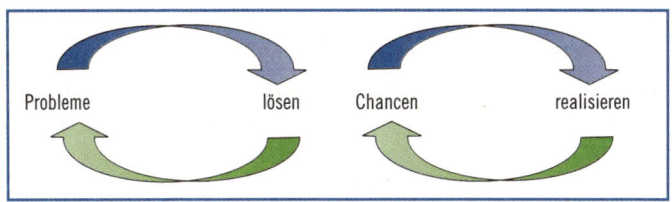

Probleme · lösen · Chancen · realisieren

Demzufolge wollen wir uns ausführlich mit der Frage befassen, was Unternehmer und Manager tun müssen, um die Problemlösung und die Chancennutzung in ihrem Betrieb zu einer ganz speziellen Kunst der Unternehmensführung zu entwickeln. Bei alledem gibt es zwei Arten von Problemen, fremdbestimmte und hausgemachte Probleme.

2a) PROBLEME LÖSEN UND CHANCEN NUTZEN

Fremdbestimmte Probleme Nehmen wir wahllos und beispielhaft das Jahr 2005 in der deutschen metallverarbeitenden Industrie:

> ▸ Die Tariflöhne und die Gehälter steigen um rund 2,5 % bei einer Inflation von 1,5 %;
> ▸ Die Materialbeschaffungspreise steigen deutlich über der Inflationsrate. Gründe sind Kapazitätsverknappungen im Rohstoffbereich und heftige Ölpreisverteuerungen;
> ▸ Die Abgabepreise an die Kunden sinken im Branchenschnitt um 2 % durch Hyperwettbewerb und durch Billigangebote aus Fernost, während es zugleich durch Währungsverschiebungen um 50 % (Dollar-/Euro-Relation) in den Hauptexportmärkten zu einer massiven Verteuerung des eigenen Angebots kommt.

Mehr Probleme können in so geballter Form kaum zusammen auftreten. Halt! Genau - fast hätte ich es vergessen: Die Banken sind nervös, weil sie angesichts dieser Gemengelage mit Regen rechnen - und deshalb lieber die Regenschirme rechtzeitig ins Trockene bringen.

Hausgemachte Probleme kommen hinzu: Lieferengpässe, Qualitäts-
probleme der Produkte, ineffiziente Prozesse mit hohen Reibungsver-
lusten, faule Forderungen bzw. Kredite, unklare strategische Festlegungen über die Merkmale der Wettbewerbsdifferenzierung, der Flop
eines wichtigen Neuprodukts, unerkannte Technologie- oder Konsum-
trends, um hier nur einige typische Anlässe zu nennen.

Sie werden mir Recht geben: Unterdurchschnittlich verdienende Unternehmen kommen - wenn nicht intelligente Lösungen gefunden werden - bei so kurzfristigen Problemhäufungen in die Gefahrenzone, in
der dann keine Fehler mehr passieren dürfen, sonst kann ganz schnell
die Existenz des Unternehmens bedroht sein. Das geht blitzschnell.

Hier hilft es nicht mehr, Probleme isoliert anzugehen. Gefordert ist eine
ganzheitliche Methode, wie die Summe aller Probleme - natürlich nach
Prioritäten und verteilt auf möglichst viele Problemlösungsverantwort-
liche - in überschaubarer Zeit nachhaltig gelöst werden kann. Dass das
nicht nur für den Maschinenbau gilt, weiß jeder aus seiner Branche am
besten: Banken, Versicherungen, Airlines, Handel - wir sind alle betroffen.

Chancen nutzen Ein Unternehmen kann nicht überleben, wenn es
»nur« das nachhaltige »Problemlösen« beherrscht. Es ist immer auch
gefordert, sich bietende Chancen zu prüfen und konsequent zu nutzen. Darin steckt das unternehmerische Element des Managements.

Hier bietet sich eine so unglaubliche Vielzahl von Chancen, dass es
darauf ankommt, eine Methode zu haben, nach der sämtliche Chancen - auch nach Prioritäten verteilt auf möglichst viele Chancen-Nut-
zungsverantwortliche - nachhaltig genutzt werden können. Auch hier
lassen sich wieder fremdbestimmte und hausgemachte Chancen unterscheiden: neue regionale Märkte (Amerika und Südost-Asien), neue
Technologien, neue Werkstoffe, neue Methoden und Werkzeuge der
Informations- und Wissensverarbeitung, neue Hilfsmittel zur Vereinfa-
chung der Büroarbeit, neue Kommunikationswege zum Kunden und

36

mit dem Kunden usw., Chancen, die von außen an das Unternehmen herangetragen werden - egal ob sie genutzt werden oder nicht - und Chancen, die sich das Unternehmen selbst erarbeitet.

Fassen wir zusammen: Die Führung eines Unternehmens hat im wesentlichen zwei Aufgabenstellungen zu erfüllen: fremdbestimmte und hausgemachte Probleme nachhaltig zu lösen sowie neue Chancen zu prüfen und konsequent zu nutzen. Diese Aufgabenstellung ist so alt wie es überhaupt Unternehmen gibt. Die Schwierigkeit liegt - seit einiger Zeit spürbar - allerdings immer mehr darin, dass die Zahl und Komplexität der Probleme und Chancen (= Problem-/Chancenvorrat), die pro Zeiteinheit auf ein Unternehmen einströmen, (Quartal, Jahr, Jahrhundert) kontinuierlich steigt.

Diese fortschreitende technologische Entwicklung und Globalisierung hilft, unseren aktuellen Lebensstandard abzusichern und ist nicht mehr wegzudenken.

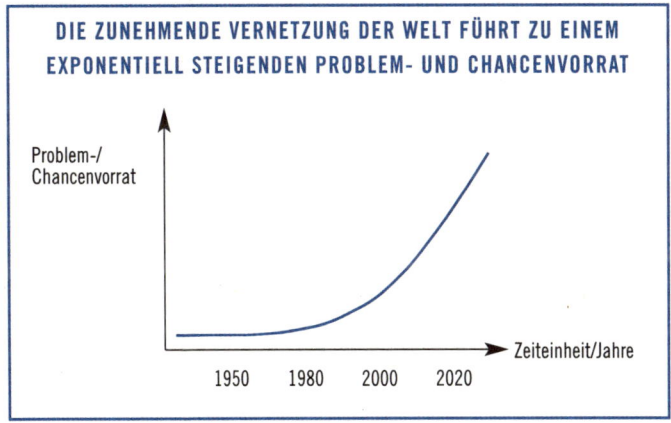

DIE ZUNEHMENDE VERNETZUNG DER WELT FÜHRT ZU EINEM EXPONENTIELL STEIGENDEN PROBLEM- UND CHANCENVORRAT

Mit dieser Entwicklung wird es für die Führung von Unternehmen immer drängender, grundsätzlich über Struktur und Methoden von Problemlösungs- bzw. Chancennutzungsprozessen nachzudenken.

Managementaufgaben für das nächste Jahrzehnt

Da nicht davon auszugehen ist, dass die Geschwindigkeit, mit der immer neue und komplexere Probleme, aber auch neue Chancen entstehen, sinkt, sondern dass eher das Gegenteil der Fall sein wird, stellt sich die grundsätzliche Frage, was im Management getan werden muss, um mit der Dynamik Schritt halten zu können. Die modischen Rezepte können es nicht sein, da die Zahl der Insolvenzen sonst nicht proportional zur Zahl der angebotenen Lösungen stiege. Vielmehr scheint es so zu sein, dass das Gesetz des abnehmenden Grenzertrags auch hier wirkt, was darauf schließen lässt, dass neue, vollkommen andere Vorgehensweisen und Methoden auf höherem Niveau erforderlich sind.

Diese Aussage kann auch auf evolutionstheoretische Erkenntnisse gestützt werden, derzufolge immer dann Entwicklungssprünge in der Geschichte auftreten, wenn die Komplexitäten des Umfelds für das betrachtete System nicht mehr beherrschbar waren. Nach bald 100 Jahren permanenter Weiterentwicklung des traditionellen Managementwissens und der »Management Tools« scheint ein solcher Entwicklungssprung gegeben zu sein. Es riecht danach!

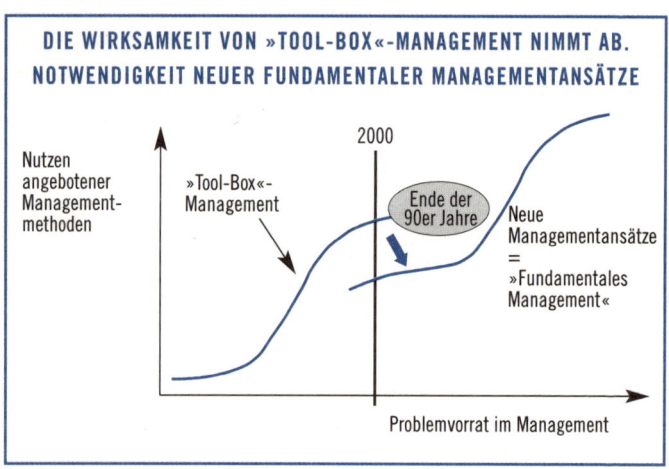

DIE WIRKSAMKEIT VON »TOOL-BOX«-MANAGEMENT NIMMT AB.
NOTWENDIGKEIT NEUER FUNDAMENTALER MANAGEMENTANSÄTZE

Auf welche Herausforderung müssen Antworten gegeben werden?
Es ist eine Methode zu entwickeln, die es Unternehmen bei richtiger Anwendung erlaubt, mehr fremdbestimmte und hausgemachte Probleme nachhaltig zu lösen, als in derselben Zeit neue Probleme hinzukommen. Mit der so gewonnenen Kapazität sollten Chancen realisiert werden, die ein kontinuierliches Wachstum und damit die Absicherung des Unternehmens ermöglichen - und zwar unabhängig davon, wie turbulent sich das wirtschaftliche Umfeld präsentiert! Idealtypisch lassen sich vier Unternehmenssituationen unterscheiden:

▸ Das Unternehmen bewältigt seine Probleme nicht und realisiert auch keine neuen Chancen: Hier handelt es sich um den kurzfristigen Insolvenzfall;   (A)
In der Regel sind Unternehmen mit einer reifen Technologie betroffen, die nicht mehr die Fähigkeit haben, fremdbestimmte Probleme zu entschärfen und nachhaltig in die Verlustzone geraten.

▸ Das Unternehmen bewältigt seine Probleme nicht, realisiert jedoch neue Chancen und verdeckt so die eigentlichen Schwächen: schleichender Insolvenzfall;   (B)
Die klassische Vorstufe zu (A): Solche Unternehmen haben in der Vergangenheit solide Substanz aufgebaut, sitzen aber latente Probleme aus und schieben Lösungen auf. Schmerzhafte Problemlösungsprozesse werden nicht realisiert. Dafür werden neue Felder erschlossen, die akute Probleme kurzfristig überdecken (Erschließung immer neuer Märkte, Entwicklung immer neuer Produkte oder - in letzter Zeit sehr beliebt - Zukauf anderer Unternehmen, ohne die Produktivitäten nachhaltig zu erhöhen). Dies sind besonders tragische Fälle, da oft »echte« Erfolgsunternehmen mit langer Tradition betroffen sind. Leider gilt aber auch hier das Motto: »Nothing fails like success«.

▸ Das Unternehmen bewältigt zwar seine Probleme, realisiert jedoch keine neuen Chancen. Es ist eine Frage der Zeit, bis unlösbare strukturelle Probleme auftreten, die zum Insolvenzfall führen: Fragezeichen (Status-quo-Fall);   (C)

Hier finden sich oft Unternehmen mit einer »reifen« Technologie wieder, die »alles im Griff« haben. Taucht dann ein unerwarteter Technologiesprung oder eine radikale Marktverschiebung auf, ist es zu spät, um ein Problem dieser Größenordnung zu bewältigen bzw. um die Chance aus einem solchen »Sprung« zu nutzen. So geschehen bei Büromaschinen, in der Unterhaltungselektronik, bei Uhren und in der Fotografie: Technologiesprünge stellen ganze Branchen auf den Kopf.

▶ Dem Unternehmen gelingt es, seine Probleme zu lösen und zugleich neue Chancen zu nutzen: der einzige, langfristig überlebensfähige Fall = der Überlebensfall;   (D)

In diesem Quadranten treffen wir Unternehmen mit verschieden reifen Technologien an, die in neue Tätigkeitsgebiete vorstoßen und deren Chancen nutzen sowie zugleich fremdbestimmte und hausgemachte Probleme lösen, auch wenn dies schmerzhaft ist. Die Produktivität dieser Unternehmen, die im Sinne einer solchen Doppelstrategie agieren, steigt insgesamt kontinuierlich an.

IM HINBLICK AUF LANGFRISTIGE ÜBERLEBENSFÄHIGKEIT SIND UNTERNEHMEN NACH VIER KATEGORIEN ZU KLASSIFIZIEREN

Die auftretenden Probleme werden über Zeit gelöst		
Ja	Status Quo-Fall (Fragezeichen) (C)	Überlebensfall (D)
Nein	Kurzfristiger Insolvenzfall (A)	Schleichender Insolvenzfall (B)
	Nein	Ja

Sich bietende Chancen werden genutzt

Wesentlich ist die Erkenntnis, dass nur einer von vier möglichen Fällen Gewähr dafür bietet, dass ein Unternehmen langfristig überlebt. Die aktuelle Entwicklung der weltweiten Insolvenzen spricht eine eindeutige Sprache. Indessen geht es nicht darum, internationale Wirtschaftsanekdoten nachzuvollziehen, um die Richtigkeit der Aussage zu beweisen. Vielmehr soll die Lösung im Vordergrund stehen, was Unternehmen heute tun müssen, um zu überleben!

Um diesen langfristigen Überlebensfall zu erarbeiten, ist es erforderlich, im Unternehmen permanent Problemlösungskapazitäten vorzuhalten, um fremdbestimmte und hausgemachte Probleme nachhaltig zu lösen und die sich bietenden Chancen - sofern sinnvoll - nutzen zu können.

So wie sich in Bilanzen Aktiva und Passiva gegenüberstehen, stehen sich im wirklichen Leben Problemvorrat und Problemlösungskapazitäten gegenüber, mit der Strukturregel, dass der Problemvorrat langfristig deutlich niedriger sein muss als die Problemlösungskapazität. Die Grafik zeigt vier Zonen:

DIE RELATION DES PROBLEMVORRATS ZUR PROBLEMLÖSUNGSKAPAZITÄT ENTSCHEIDET ÜBER DIE LANGFRISTIGE ÜBERLEBENSFÄHIGKEIT DES UNTERNEHMENS

HABEN WIR GENUG MANAGEMENTKAPAZITÄTEN?

Problemlösungs-
kapazität

Problemvorrat

hausgemacht +
fremdbestimmt

❶ ❷ ❸ ❹

Zone 1 ▸ Ausreichende Managementkapazitäten vorhanden: Die Problemlösungskapazität des Unternehmens ist deutlich größer als der Problemvorrat. Eine gute Ausgangslage, wenn die Kapazitäten dazu dienen, aussichtsreiche Chancen zu nutzten (Überlebensfall, maximal »Fragezeichen«).

Zone 2 ▸ Managementkapazitäten müssen dringend aufgebaut werden: Die Probleme können gerade noch gelöst werden. Ein steiler Anstieg des Problemvorrats gegen Ende von Zone 1 konnte nicht mehr nachhaltig abgebaut werden. Das Unternehmen ist jetzt mit Sicherheit zum »Fragezeichen« geworden!

Zone 3 ▸ Managementkapazitäten sind kurzfristig »zuzukaufen«: Der Problemvorrat übersteigt die Problemlösungskapazität nachhaltig. Es tritt ein Problemlösungsstau ein, der eventuell gerade noch durch genutzte Chancen überdeckt wird, so dass Bilanzen und GUV noch keine Alarmsignale senden.

Zone 4 ▸ Völlig ungenügende Managementkapazitäten vorhanden: Die Todeszone! Gute »Problemlöser« verlassen das Unternehmen, so dass die Problemlösungskapazität sinkt, während der Problemvorrat weiter steigt. Was bleibt? Verkauf, Fusion oder die sichere Insolvenz. Der Abstieg - ob schleichend oder kurzfristig - ist vorgezeichnet, wenn nicht Gravierendes unternommen wird, um die Problemlösungskapazität kurzfristig deutlich zu erhöhen.

Der erste praktische Teil unseres Selbstaudits Bitte bilden Sie sich ein Urteil in Bezug auf Ihr Unternehmen oder Ihren Geschäftsbereich: In welcher Zone befinden Sie sich - Hand aufs Herz? Nachstehend einige detaillierte Fragen, die Ihnen helfen sollen, sich ein Urteil zu bilden. Wir beginnen mit den vier Eingangsfragen, die wir kurz wiederholen:

  ▸ Steigt Ihr Rohrertrag?
  ▸ Steigt Ihre Umsatzrendite in den letzten Jahren kontinuierlich an?

- Steigt auch Ihr Marktanteil?
- Steigt auch noch der Durchschnittswert pro Artikelposition?
- Konnte die Personalkostensteigerung in den letzten Jahren bzw. im laufenden Jahr durch Produktivitätssteigerungen überkompensiert werden (Indikator: Personalkosten im Verhältnis zur eigenen Wertschöpfung)?
- Hat sich das Preis-Leistungsverhältnis der eigenen Produkte oder Dienstleistungen im Vergleich zum Wettbewerb verbessert oder verschlechtert?
- Zeigen die Statistiken für Qualitätsindikatoren kontinuierliche Verbesserungen oder bleiben die Indikatoren konstant oder werden sie sogar schlechter?
- Wurden die Wechselkursverschiebungen durch Steigerung der Effizienz bzw. durch Kostensenkungen mindestens ausgeglichen?
- Verfügt das Unternehmen über eine homogene IT-Struktur ohne Systembrüche? Sind Managementdaten DV-gestützt verfügbar?
- Welcher Umsatz und Ertrag wird heute und künftig mit Produkten gemacht, die jünger als drei Jahre sind (nur »echte« Neuheiten zählen)?
- Ist die Ertragsabhängigkeit von einzelnen Produkten oder Produktgruppen gestiegen oder gefallen?
- Konnten zuletzt neue Geschäftsfelder ertragbringend auf- und ausgebaut werden?
- Wurden neue regionale Märkte erfolgreich erschlossen?
- Wie viele Kunden gingen im letzten Jahr ganz bzw. teilweise verloren? Wieviele Neukunden wurden demgegenüber gewonnen (»Customer Loyalty«)?
- Ist die Abhängigkeit von Großkunden gestiegen oder gefallen?

Ein solcher Fragenkatalog - angepasst an die Situation jedes Unternehmens - gibt bei objektiver Beantwortung der Fragen schnell eine erste »Grobeinschätzung« über den Zonenbereich, in dem sich der Betrieb befindet. Da die Übergänge zwischen den Zonen fließend sind, wird eine einmalige Überprüfung nur vage Positionierungen erlauben.

Dieselben Fragen jedoch Jahr für Jahr beantwortet, geben sicheren Aufschluss über die akute Lage, die Entwicklungstrends und Perspektiven. Vielleicht diskutieren Sie diese Fragen einmal in der nächsten Aufsichtsratssitzung oder Gesellschafterversammlung mit ihren Vorständen oder Geschäftsführern. In welcher Zone stehen wir eigentlich?

Außerdem sollten Sie noch einmal prüfen, was Sie zuletzt konkret getan haben, um Ihre Problemlösungskapazität laufend zu erhöhen:

- ▸ Konnten neue Mitarbeiter erfolgreich integriert werden?
- ▸ Was und wie investieren Sie, um die Problemlösungsfähigkeit Ihrer Mitarbeiter zu erhöhen?
- ▸ Gibt es gezielte Felder oder Projekte, in denen entsprechende Fähigkeiten geübt und einstudiert werden können?
- ▸ Was tun Sie konkret, um Wissen in Ihrem Unternehmen zu dokumentieren bzw. gezielt zwischen Mitarbeitern zu übertragen?

Versuchen Sie, eine Bilanz zu erstellen: Was wächst schneller - Ihr Problem-/Chancenvorrat oder Ihre Problemlösungskapazität?

Ohne Schwarz zu malen, sehe ich die Gefahr, dass sich immer mehr Unternehmen - und zwar gerade heutige Marktführer und Konzerne - in Zone 3 befinden und nur noch durch »Re-Engineering«, Auflösung stiller Reserven bzw. durch Zukäufe von ihren Problemlösungsschwächen ablenken. Warum sonst entstehen sofort dramatische Gewinneinbrüche, nur weil einige »fremdbestimmte Probleme« nicht oder nicht schnell genug gelöst werden? Die Tagespresse meldet: »Hoher Dollarkurs führt zu Gewinneinbruch!« oder: »Steigende Stahlpreise belasten das Ergebnis!«

Liebe Leser, das sind Ausreden, die vom eigentlichen Problem ablenken. Das Management hat versagt, da der Problemvorrat die Managementkapazitäten offenbar deutlich übersteigt! Das lässt nichts Gutes erahnen! Wenn diese Probleme schon zu Gewinneinbrüchen führen, was dann, wenn wirklich radikale Veränderungen hereinbrechen?

2b) DAS »BASICON« - EIN GANZHEITLICHER ANSATZ ZUR ENTWICK-LUNG VON PROBLEMLÖSUNGSKAPAZITÄTEN IM UNTERNEHMEN

Was tun Unternehmen heute, wenn sie erkennen, dass sie in einem Problemlösungsstau stecken und sich in Zone 3 befinden? Oft holen sie sich Rat bei Unternehmensberatern, die meist die Situation analysieren und Empfehlungen im Sinne von Rezepten aussprechen. Damit sind die Probleme zwar identifiziert und analysiert und auch Konzepte entwickelt, wie die Probleme gelöst werden können - aber effektiv und nachhaltig gelöst sind sie deshalb noch lange nicht.

Insbesondere eines ist nicht passiert: Die Problemlösungskapazität im Unternehmen wurde nicht erhöht. Das heißt, dass beim nächsten Problem schon wieder ein Berater kommen muss, um bei der Problemlösung zu helfen. Dies ist keine Pauschalkritik am Berufsstand der Berater. Dort, wo es für ein Unternehmen gar nicht sinnvoll ist, eigene Problemlösungskapazitäten aufzubauen oder vorzuhalten - beispielsweise im Hinblick auf ausgefuchste Spezialfragen wie Technologie-Strategien oder eindeutig singuläre oder temporäre Aufgaben - haben Berater als »geliehene« Problemlösungskapazität ihre volle Berechtigung.

Dort aber, wo es um die Lösung ureigener Tagesprobleme geht (Umsätze steigern, Kundenwünsche bedienen, Entwicklungsprojekte gezielt führen, Sortimente richtig zusammenstellen), muss im Unternehmen genügend Problemlösungskapazität aufgebaut werden, um selbständig und autark zu arbeiten und seine Unabhängigkeit zu erhalten.

Die schon mehrfach angesprochene Inflation an Patentrezepten erklärt sich auch aus mangelnder eigener Problemlösungskapazität: Berater kennen die Umfeldbedingungen gut genug, um die drängendsten Probleme aufzuspüren, mit denen Betriebe aus eigener Kraft nicht fertig werden. Dort werden dann aufwendig Symptome bekämpft, statt der Ursache auf den Grund zu gehen und den Unternehmen zu helfen, Methoden und Strukturen aufzubauen, die ihre Problemlösungsfähigkeit so nachhaltig erhöhen, dass die Symptome unterbleiben. Aber wer macht sich schon gerne selbst überflüssig? Doch eigentlich sollte genau das der Anspruch eines exzellenten Beraters an sich selbst sein: sich überflüssig zu machen - zumindest für einige Zeit. Tut er das nicht, stehen Eigeninteressen über Kundeninteressen. Eine schlechte Basis für jede langfristig erfolgreiche Kooperation!

Hilfe zur Selbsthilfe Fassen wir kurz zusammen: Modernes Management muss heute in der Lage sein, genügend Problemlösungskapazitäten im Unternehmen aufzubauen bzw. bereit zu halten, um mit der laufend steigenden Zahl fremdbestimmter Probleme in Verbindung mit zwangsläufig auftretenden hausgemachten Problemen in immer höheren Komplexitätsstufen fertig zu werden und dabei immer noch Kapazitäten frei zu haben, um sich bietende Chancen zu nutzen.

Da sich im Zeichen der Globalisierung sowohl Problemstellungen als auch Chancen schnell verändern, ist nicht die Lösung des Einzelproblems an sich vordringlich, sondern die Befähigung möglichst vieler Mitarbeiter im Unternehmen, auftretende Probleme bzw. erkannte Chancen - welcher Art auch immer - möglichst selbständig zu lösen. Hierzu bedarf es einer konsistenten Methodik, die für alle denkbaren Probleme und Chancen universell einsetzbar ist. Sie soll zudem relativ schnell auf viele Führungskräfte und Mitarbeiter übertragbar sein.

Die Methodik »BASICON«
Die nachfolgend beschriebene Methodik beruht auf der Strukturierung effizienter und effektiver Lösungen von Problemen jedweder Art und ist auch zur Realisierung von Chancen geeignet. Sie wurde aus der Analyse geglückter und missglückter Problemlösungsprozesse entwickelt und hat sich in der täglichen Praxis bei der Bewältigung verschiedenster Aufgaben in Unternehmen diverser Branchen bestens bewährt.

Aus persönlicher Anschauung kenne ich zahlreiche Unternehmen, die in einem fast hoffnungslosen Problemlösungsstau gesteckt haben. Mit

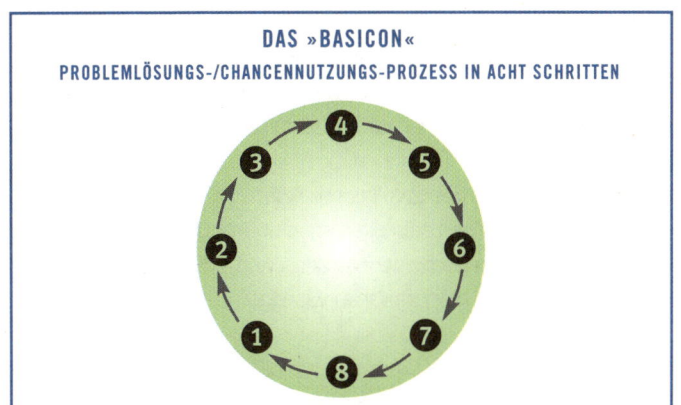

DAS »BASICON«
PROBLEMLÖSUNGS-/CHANCENNUTZUNGS-PROZESS IN ACHT SCHRITTEN

der Befähigung von etwa einem Dutzend Führungskräften in der Anwendung der Methode »BASICON« sowie durch Festlegung klarer Verantwortlichkeiten, wer welches Problem mit welchem Team lösen soll, gelang es, diese Unternehmen in zwei Jahren komplett zu restrukturieren und in Zone 2 mit Zielrichtung Zone 1 zu führen. Die richtigen, bedeutendsten Probleme wurden nachhaltig gelöst, so dass der Problemvorrat dramatisch abnehmen konnte. Daneben wurden noch einige Chancen genutzt, um auch eine Zukunftsperspektive zu gewinnen. Die Methode selbst besteht aus acht logisch strukturierten Schritten.

1. Schritt: Problem-/Chancen-Identifikation

Um ein Problem zu lösen oder eine Chance zu nutzen, muss beides zunächst einmal identifiziert werden. Die Quellen dieser Erkenntnisse können sehr unterschiedlich sein. Von der Meldung in der Tageszeitung über Devisenkursentwicklungen, über Kundenreklamationen, über verfehlte Umsatz- oder Kostenziele, Messebesuche oder neue Wettbewerbsprobleme bis hin zur Kündigung eines fähigen Mitarbeiters - alles lässt sich letztlich als Problem oder Chance identifizieren.

Entscheidend ist, dass überhaupt die Offenheit besteht, Informationen als Probleme oder Chancen zu begreifen. Fehlt diese Offenheit, kann es verständlicherweise auch nicht zu Problemlösungs- bzw. Chancennutzungsprozessen kommen. Anschließend ist es notwendig, das Problem oder die Chance kurz zu beschreiben und auch auf die Wirkungen einzugehen, die sich für das Unternehmen ergeben, etwa so:

> Die Aufwertung des Euro in den letzten drei Monaten beeinträchtigt die Wettbewerbsfähigkeit unserer Produkte. Dies gilt sowohl für verbilligte Importangebote des Wettbewerbs in Deutschland als auch für die Marktpreise in wichtigen Exportländern.

> Ein zweites Beispiel: Die zunehmende Zahl von Kundenreklamationen über fehlerhafte Lieferungen birgt die Gefahr, diese Kunden zu verlieren und dadurch Umsatz und Ertrag zu gefährden.

Doch Vorsicht - eine Gefahr lauert in diesem Schritt: Symptome werden allzu leicht mit echten Ursachen verwechselt. Hier bedarf es einiger Übung und kritischer Diskussionspartner, um beide Dinge sauber zu trennen. An dieser Stelle hilft die alte japanische Regel: Frage fünf Mal »Warum«, dann erkennst Du die wahren Ursachen der Probleme!

Stellen Sie sich vor, der Umsatz liegt nicht im Plan - so formuliert ist das Problem artikuliert, aber noch lange nicht konkret gefasst. Daher die weiteren Fragen: Warum? Die Händler bestellen nur das Nötigste. Warum? Weil die Läger voll sind. Warum? Weil wir im letzten Jahr eine Aktion gefahren haben, die nicht abfließt. Warum? Weil das Angebot für den Endkunden offenbar nicht attraktiv genug ist. Jetzt erst ist man am Kern des Problems, dessen Ursachen schon Monate, vielleicht sogar ein Jahr zurückliegen. Diese verd... Aktion von damals! Es sieht danach aus, als ob die Lösung des Problems viel differenzierter sein dürfte als nur die Erkenntnis zu haben: Der Umsatz liegt unter Plan!

Bei der Betrachtung von Problemen gibt es im Regelfall immer auch einen Chancen-Aspekt. Noch deutlicher: Probleme sind Chancen. Wenn Sie dies schon zu Beginn des »BASICON« - nachdem Sie dem

Problem auf den Grund gegangen sind - so interpretieren, befassen Sie sich in Ihrem Unternehmen plötzlich vor allem mit Chancen und sehr viel weniger mit echten Problemen. Die Auswirkungen auf Ihr Betriebsklima sind faszinierend! Chancenmanagement macht jeder gern.

Zurück zu unserem Beispiel: Wenn die damalige Aktion das Problem ist, besteht die Chance darin, dem Händler beim Abverkauf der Aktion zu helfen und sich dadurch als echter Partner zu profilieren oder die unverkaufte Ware womöglich komplett zurückzunehmen und sie gegen leicht absetzbare Produkte auszutauschen, während die Restanten über andere Kanäle - eventuell im Ausland oder via Internet - abgesetzt werden. Der Knoten löst sich und Sie sind der Problemlösung einen guten Schritt näher. Vielleicht schaffen Sie es durch diesen kreativen Ansatz sogar, eine neue Chance zu realisieren.

Aber wie läuft es in der Praxis? Umsatz kommt nicht, also machen wir eine Aktion. Preise runter, Rabatte hoch, Boni hoch, Sonderprämie usw. Was passiert? Das schlägt sofort auf den Marktpreis durch. Und jetzt haben Sie statt einem Problem weniger plötzlich einen ganzen Sack neuer Probleme: Die Händlermarge sinkt, Ihr Rohertrag sinkt, damit steigt das interne Kostenproblem usw. Ein Teufelskreis - nur weil der erste Schritt des »BASICON« in einer zentralen Vertriebsfrage nicht sauber analysiert wurde: Was ist eigentlich das wirkliche Problem?

Also fragen Sie lieber fünf Mal »Warum«, um dem eigentlichen Problem auf die Spur zu kommen! Sonst laborieren Sie an Symptomen herum, statt sich mit den Ursachen auseinanderzusetzen und schaffen sich sehr wahrscheinlich völlig ungewollt neue Probleme!

Das gilt natürlich auch für das zentrale »BASICON« der Unternehmensführung: Die laufende Verfolgung der Ergebnisentwicklung. Was tun Sie, wenn Sie feststellen, dass das Quartals- oder Jahresergebnis den Plan deutlich verfehlt? Viele stürzen sich in operative Hektik und heraus kommen kurzfristige, meist kostenorientierte Aktionen!

Sehr viel besser ist, sich einmal in Ruhe in Klausur zu begeben und in der Geschäftsleitung fünf Mal zu fragen »Warum?« Wenn Sie das tun, werden Sie auf die fundamentalen Probleme Ihres Unternehmens stoßen: Stimmt die strategische Positionierung? Haben wir die richtigen Problemlöser an Bord? Passt die Organisation wirklich noch zu unserer strategischen Ausrichtung?

Diese Probleme zu lösen ist Kernaufgabe der Geschäftsführung, nicht das kurzatmige Laborieren an Symptomen.

2. Schritt: Problem-/Chancen-Bewertung

Sie sagen zu Recht: Nichts Neues! Gesunder Menschenverstand! Genau, das sage ich auch. Wir müssen ihn halt nur täglich praktizieren!

Auch der zweite Schritt wird Ihnen bekannt vorkommen. Die Praxis zeigt jedoch, dass es vielen Führungskräften und Mitarbeitern besonders schwer fällt, diesen Schritt konsequent zu vollziehen. Hier geht es um die genaue Analyse und Quantifizierung eines identifizierten Problems bzw. einer Chance.

Mit Schritt 2 soll deutlich gemacht werden, wie groß bzw. mächtig ein Problem oder eine Chance ist, ausgedrückt möglichst in Geldeinheiten oder in Potenzialen. Daneben soll klar sein, wie komplex ein Problem in seiner inneren Struktur ist, also welche Ursache-/Wirkungszusammenhänge bestehen oder zumindest vermutet werden können.

Werden Größe und Komplexitäten von Problemen und Chancen nicht quantifiziert und erfasst, besteht sehr leicht die Gefahr, vor Bäumen den Wald nicht zu sehen und den Überblick über die wirklichen Prioritäten im Unternehmen zu verlieren. Oder noch schlimmer: Mangels Kenntnis der Komplexitäten werden Lösungen »aus der Hüfte« angegangen, die aus einem kleinen Problem viele Probleme oder größere Probleme machen - ja die Gefahr ist sogar sehr groß, aus nicht verstandenen Chancen Probleme werden zu lassen.

Alle Fälle sind in der täglichen Unternehmenspraxis vorzufinden: Eine vermeintliche Marktlücke wird zu groß und zu bedeutend eingeschätzt und führt zu Produktentwicklungen und Investitionen, die absolut unangemessen sind. Aus einer Marktchance kann so schnell ein Kosten- und Liquiditätsproblem werden.

Oder ein anderes Beispiel: Für die Lösung eines Problems, das wenige tausend Euro kostet, werden Beträge aufgewendet, die den »Wert des Problems« um ein Vielfaches übersteigen. Eine unnötige Verschwendung von Ressourcen, die speziell im IT-Bereich häufig anzutreffen ist.

Oder ein drittes Beispiel: Statt sich auf die Lösung von A-Problemen und -Chancen, die wirklich entscheidend sind für den Fortbestand des Unternehmens, zu konzentrieren, werden mit viel Enthusiasmus »C-Probleme-/Chancen« angegangen, was zumindest eine Verschwendung der Ressource Zeit bedeutet.

Schritt 2 erfordert ein leicht erlernbares Set von Analysewerkzeugen, die eingeübt und an Praxisbeispielen umgesetzt werden müssen, um den Problemlösungsprozess an dieser Stelle voranzutreiben.

Statt viel Geld für Berater aufzuwenden, die exakt diese erforderlichen Methoden einsetzen, um zu schlüssigen Analysen für Vorstandspräsentationen zu gelangen, wäre es viel hilfreicher, die eigenen Führungskräfte und Mitarbeiter in diesen Methoden selbst zu schulen und damit einen entscheidenden Beitrag für die »Hilfe zur Selbsthilfe« zu leisten.

Warum dies immer noch so selten praktiziert wird, ist angesichts der Problemlösungsstaus, in denen sich viele Unternehmen befinden, völlig unverständlich. Statt seine Zähne täglich zu pflegen geht man offenbar lieber zum Zahnarzt, um schmerzhafte Reparaturen vornehmen zu lassen. Es scheint der bequemere Weg zu sein - zumindest kurzfristig. Nachfolgend eine Auswahl besonders hilfreicher Analysewerkzeuge:

AUSWAHL ANALYSEWERKZEUGE FÜR »BASICON« SCHRITT 2

METHODE	VORGEHENSWEISE	EINSATZZWECK
Interviews Pré-Tests Panel	▸ Strukturierte Fragebögen für Telefoninterviews oder vor Ort, statistische Auswertbarkeit sicherstellen. ▸ Experimente mit Zielgruppen im Sinne von Tests	▸ Einschätzung von Marktpotenzialen ▸ Abfrage von »Key Buying Factors« ▸ Überprüfung Kaufverhalten ▸ Überprüfung Informationsverhalten
Einfaches kybernetisches Indikatoren-modell	▸ Erfassung aktueller Werte (Aktualität) ▸ Erfassung der realisierbaren maximalen Werte mit eigenen Möglichkeiten (Kapabilität) ▸ Erfassung der Werte, die unter Ausnutzung aller vorstellbaren Möglichkeiten erreichbar (Potenzialität) wären (das absolute Optimum) Poten-zialität Kapa-bilität — Latenz — Gesamt-leistung Aktua-lität — Produktivität	▸ Abschätzung von Kunden- und Markt-Potenzialen ▸ Abschätzung von Technologie-Potenzialen ▸ Abschätzung von Prozess-Potenzialen und jeweils Messung entsprechender Leistungsfortschritte: Durch Einsatz des gesunden Menschenverstands ermittelbares Indikatorengerüst: Wo stehen wir, was ist kurzfristig erreichbar, was ist langfristig denkbar und - nach einiger Zeit - was haben wir erreicht?
Portfolios	Ermittlung der beiden Achsen im Widerspruch stehender Einflussfaktoren: ▸ Potenzial versus Profitabilität ▸ Aufwand versus Nutzen ▸ Aufwand versus Zeitdauer Einteilung der Achse; Ermittlung der zu positionierenden Objekte, Positionierung im Koordinatensystem.	Insbesondere zur Priorisierung einer klaren Vorgehensweise aus einer komplexen Entscheidungssituation mit zunächst gleichwertig erscheinenden Optionen ▸ Projekte (Entwicklung, Investitionen) ▸ Kundenpriorisierung ▸ Märkte/Segmente
Fischgräten-Diagramme (»Ishikawa«)	Erfassung sämtlicher möglicher Ursachen, die eine als ungenügend erkannte Wirkung beschreiben.	In komplexen Situationen, wenn bestimmte Kennzahlen/Zustände nicht den gewünschten Werten entsprechen.

Eines ist klar: Der Einsatz aller Analysewerkzeuge erfordert Sachverstand und Zeit. Doch ohne Methodeneinsatz lassen sich Probleme und Chancen weder bewerten noch klar positionieren. Drei Beispiele:

▸ Gegenwärtig reden alle von Basel II. Große Aufregung auch im Finanzbereich unseres Unternehmens. Die Banken wollen ihre Marge um 0,3 Prozentpunkte erhöhen! Eine Katastrophe, da müssen wir sofort ... Geduld! Was bedeuten 0,3 Prozentpunkte mehr Marge? Auf 10 Mio. Euro sind das 30.000 Euro p. a.! Durch Wechselkurs-Verschiebungen beim Dollar haben wir letzten Monat doch 350.000 Euro verloren! Nicht wahr? Ja, aber - nein! Worum müssen wir uns wohl mit Priorität kümmern? Alles klar?

▸ Thema ISO 9001. Große Begeisterung auch bei uns in der Firma. Brauchen wir unbedingt. Frage: Wer braucht es? Warum braucht er es? Ach so, weil es alle haben! Und was kostet die Einführung inklusive aller internen Aufwendungen? Was, 700.000 Euro - ach ja. Also nochmal - wer braucht es wirklich und wofür? Schließlich hat Schritt 2 des »BASICON« auf Basis einer Umfrage ergeben: 3 OEM-Kunden von uns (gemeinsamer Umsatzanteil 0,4 %) brauchen es! Der Rest würde es ganz schön finden - aber brauchen? Nein, brauchen tun sie es nicht!

▸ Nach der Messe. Wieder große Aufregung. Der Wettbewerb hat mit viel Tamtam ein neuartiges Gerät vorgestellt. Brauchen wir unbedingt. Am besten sofort ein Team zusammenstellen. Halt! »Full stop«! Für welche konkrete Anwendung ist das Gerät? Aha. Und wo könnte das sonst noch eingesetzt werden? Wie bitte, nirgends? Ach so, weil da diese..., ich weiß schon. Also nur diese eine Anwendung. OK. Und wieviele potenzielle Anwender gibt es in unseren eigenen Märkten? Wissen wir nicht. Also schätzen wir: Wieviele Betriebe, welche Spezialisten usw. Was kommt dabei heraus? Ca. 850 mögliche Anwender. Und was könnten wir im günstigsten Fall pro Gerät zu Vollkosten verdienen? 4.000 Euro bei einem Entwicklungsaufwand von 3 Mio. Euro, in etwa? Ja! Das ist insgesamt keine verlockende Aussicht.

Ich glaube Ihnen dämmert es schon: Wir haben das Gerät nicht entwickelt. Wenn der Break-Even erst bei über 80 % aller potenziellen Kunden zu erreichen ist, macht das überhaupt keinen Sinn. Viel Geld gespart! Und ob der Wettbewerb inklusive Markteinführungskosten jemals Geld verdient, mit diesem tollen Gerät, steht in den Sternen!

Leider steht dem analytischen Schritt 2 immer noch das tradierte Verständnis des »dynamischen« Unternehmers oder Managers entgegen, das suggeriert, dass schnelles Handeln und Entscheiden von höchster Qualifikation zeuge, getreu dem Motto »Lieber eine falsche Entscheidung als keine«! Wer lange analysiert, wird beargwöhnt, nicht entscheiden zu wollen, also ein schlechter Unternehmer oder Manager zu sein.

Bedauerlicherweise kosten diese Analysen in Schritt 2 in der Tat oft Zeit, teilweise auch viel Zeit, und Geld, teilweise auch viel Geld. Wir werden aber lernen müssen, dass angesichts der steigenden Komplexität des Umfelds und der Einzelsituationen immer weniger »Entscheider« die Gabe haben werden, ohne saubere Analyse zu richtigen Schlüssen zu kommen. Und selbst dann, wenn die Trefferquote der spontanen Entscheidungen bei 90 % liegt - was nahezu göttliche Gaben voraussetzt - können 10 % Fehlleistungen bei wichtigen Sachverhalten reichen, um Unternehmen ernsthaft zu gefährden. Sei es eine falsche Produkt- oder Investitionsentscheidung, eine falsche Preispolitik, eine schlecht fokussierte Marketingkampagne oder eine falsche Personalentscheidung an höchster Stelle. Alles das birgt ganz erhebliche Gefahren. Die Forderung an den wirklich erfolgreichen Unternehmer oder Manager muss daher lauten: besser keine Entscheidung als eine ohne faktenbezogene Fundierung. Diese Erkenntnis wird sich langfristig durchsetzen.

Der zweite Schritt will also wissen: Ist die Dimension des Problems oder der Chance größer oder kleiner als die derzeit bearbeiteten Probleme und Chancen? Ist sie größer, sind Prioritäten im Unternehmen zu überdenken. Ist sie kleiner: auf Wiedersehen in der Wiedervorlage. Vielleicht können wir uns nächstes Jahr wieder damit befassen!

3. Schritt: Alternative Problemlösung bzw. Chancenrealisierung

Sind ein Problem oder eine Chance im ersten Schritt exakt formuliert und im zweiten Schritt durch gründliche Analysen belegt, so dass offenkundig ist, dass es sich um ein ernst zu nehmendes Problem bzw. um eine reelle Chance handelt, so dass dem Vorgang im Kontext der aktuellen Prioritäten hohe Bedeutung beizumessen ist, muss das Problem gelöst oder die Chance genutzt werden. Damit stellt sich automatisch die Frage, wie das gehen soll. Hier ist es in der Regel so, dass es nicht nur eine Möglichkeit gibt, sondern dass es oft viele Ansätze gibt, die scheinbar miteinander konkurrieren.

Leider machen wir aber oft den Fehler, uns zu schnell auf eine naheliegende Lösung zu stürzen, ohne uns intensiv Gedanken zu machen, ob es eventuell weitere Lösungen gibt, die ebenfalls in Betracht kommen und vielleicht sogar noch besser sind, oder ob die tatsächlich ideale Lösung aus einer Kombination mehrerer Alternativen besteht.

Der dritte Schritt des »BASICON« zwingt zu einer konsequenten Analyse aller Möglichkeiten. Häufig entscheidet die Originalität, mit der ein Problem gelöst bzw. eine Chance aufgegriffen wird, über den späteren Erfolg. Standardlösungen, wie sie schon vielerorts realisiert wurden, sind meist nur die zweit- oder drittbeste Alternative.

Die Suche nach möglichst vielen Alternativen zur Lösung eines Problems bzw. zur Nutzung einer Chance setzt eine enge, vertrauensvolle Zusammenarbeit in Teams voraus. Häufig ist ein Mitarbeiter oder eine Führungskraft allein überfordert, alle denkbaren Alternativen zu erkennen, da Lösungen aus verschiedenen Disziplinen kommen können.

Die Lösung eines Produkt-/Qualitätsproblemes kann in vielen Ansatzpunkten gesucht werden. Um nur einige zu nennen: Veränderung des Materials, Anpassung der Zeichnung, Lieferantenwechsel, Anpassung der Gesamtauslegung der Leistungsfähigkeit des Geräts. Also macht es der Prozess erforderlich, in Arbeitsteams intensiv darüber nachzudenken, aus welcher Fachdisziplin welche Lösungsalternativen beigetragen werden können. Nämliches gilt natürlich für Umsatzprobleme, Preisprobleme, Lieferprobleme etc.

Ein anderes Beispiel: Ein Hersteller langlebiger Gebrauchsgüter hat sich vor Jahrzehnten entschieden, über den Handel zu vertreiben. Was bisher ganz ordentlich funktioniert hat, solange sich die Marktspirale in die richtige Richtung drehte. Doch seit der Markt Mitte der 90er Jahre kippte, werden alle Hersteller mehr und mehr zum Spielball der Interessen des Handels. In dieser Phase erwies es sich als gewaltiges Problem, keinen unmittelbaren Zugang zu Endkunden zu haben, ja noch nicht einmal zu wissen, wer eigentlich Käufer der eigenen Produkte ist.

Eine Lösungsalternative wurde immer wieder diskutiert: Beginn eines eigenen Direktvertriebs, um so Direktzugang zu den Endkunden zu gewinnen. Aber eines war auch klar: sobald dieser neue Vertriebsweg begänne, würde der gesamte Fachhandel die Marke boykottieren. Die Folge: Es würde schlagartig so viel Umsatz wegbrechen, dass dieser niemals durch Direktvertrieb aufgefangen werden könnte. Das war also keine Lösung.

In vielen Diskussionsrunden wurde daraufhin eine Lösung entwickelt, die das Unternehmen heute zu einem der erfolgreichsten in seiner Branche macht. Durch das Angebot von Mehrwertleistungen wie verlängerter Garantiezeit, Diebstahlversicherung und ähnlichem (die aber nur gewährt werden, wenn sich der Kunde registrieren lässt) gelang es, über 60 % aller kaufenden Kunden mit eigenem Käuferprofil zu erfassen und so eine Endkunden-Datenbank aufzubauen. Hieraus hat sich im Zuge weiterer Zusatzleistungen ein eigener Endkunden-Club, eine eigene »Community«, entwickelt.

Am traditionellen Vertriebsweg wurde nicht gerüttelt, vielmehr erkennt der Handel mehr und mehr die Vorteile, die sich aus der direkten Endkunden-Kommunikation ergeben. So wurden zwei Fliegen mit einer

Klappe geschlagen. Inzwischen aber verfügt das Unternehmen über soviel Know-how im Direkt-Marketing, dass daraus ein eigenes Dienst-leistungsunternehmen entstand, das auch anderen Firmen einen ent-sprechenden Service anbietet. Bloß ein ganz praktisches Beispiel, wie aus einem gewaltigen Problem gleich mehrere Chancen entwickelt werden konnten. Allerdings nur, weil konsequent nach wirklich funda-mentalen Lösungen gesucht wurde und weil man nicht mit oberfläch-lichen »Quick-and-Dirty«-Ansätzen zufrieden war. Wer hier nicht bis zum Schluss am Ball bleibt, verliert das Spiel.

Neben der Teamarbeit und der Teamfähigkeit sind sicher Kreativität und professionelles Fachwissen bei den Mitarbeitern gefragt, vor al-lem, wenn keine »Standardalternativen« gefunden werden sollen, son-dern wenn es darum geht, außergewöhnliche Lösungen zu finden. Als besonders hilfreich erweist sich an dieser Stelle das »Fischgräten-Dia-gramm« (Ishikawa-Diagramm), das möglichst alle Ursachen einer be-stimmten Wirkung aufführt. So wird nichts vergessen und es lassen sich systematisch alle möglichen Lösungsalternativen abprüfen.

Ein gutes Beispiel ist der Wirkungszusammenhang zur »Steigerung der Personalproduktivität«. Zunächst werden die acht ganz wesentlichen Einflusshebel mit zunächst rund 40 Einzelfaktoren identifiziert, die alle irgendwie Einfluss haben.

Hier nun die entscheidenden Hebel im Unternehmen zu finden und über deren Einsatzmöglichkeiten nachzudenken - gerade auch in der Kombination mehrerer Hebel - ist viel zielführender als voreilig und schnell zu Lösungen zu springen, die sich hinterher als nicht wirksam erweisen. Aber: Lassen Sie sich mit diesem Schritt Zeit. Kreativität braucht gelegentlich auch Zeit zum Nachdenken!

Die Entwicklung von Schritt 3 des »BASICON« ist übrigens absolut ent-scheidend dafür, ob Ihr Unternehmen zur Spitze - egal ob Preisführer oder Leistungsführer - aufsteigen kann oder nicht. Nur wenn es Ihnen

ÜBER 40 UNMITTELBARE EINFLUSSGRÖSSEN BESTIMMEN DIE PERSONALPRODUKTIVITÄT

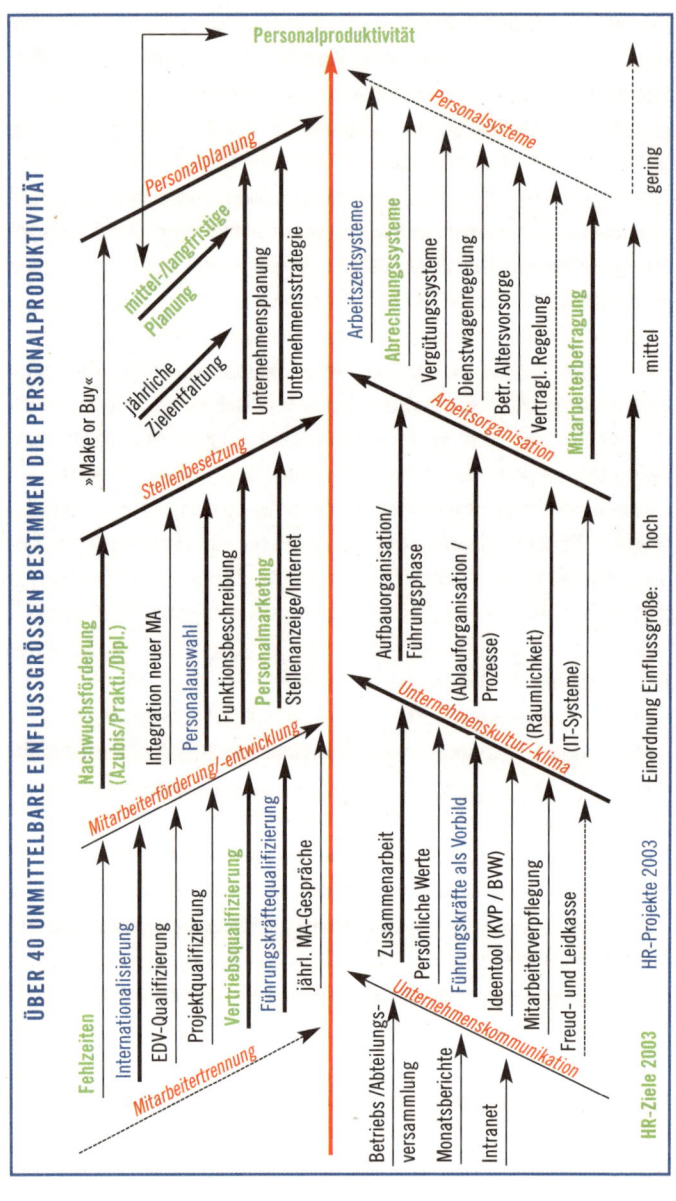

Personalproduktivität

Personalsysteme

Personalplanung

mittel-/langfristige Planung

jährliche Zielentfaltung

Unternehmensplanung
Unternehmensstrategie

»Make or Buy«

Stellenbesetzung

Nachwuchsförderung (Azubis/Prakti./Dipl.)
Integration neuer MA
Personalauswahl
Funktionsbeschreibung
Personalmarketing
Stellenanzeige/Internet

Mitarbeiterförderung/-entwicklung

Internationalisierung
EDV-Qualifizierung
Projektqualifizierung
Vertriebsqualifizierung
Führungskräftequalifizierung
jährl. MA-Gespräche

Fehlzeiten

Mitarbeitertrennung

Arbeitszeitsysteme
Abrechnungssysteme
Vergütungssysteme
Dienstwagenregelung
Betr. Altersvorsorge
Vertragl. Regelung
Mitarbeiterbefragung

Arbeitsorganisation

Aufbauorganisation/
Führungsphase
(Ablauforganisation /
Prozesse)
(Räumlichkeit)
(IT-Systeme)

Unternehmenskultur/-klima

Zusammenarbeit
Persönliche Werte
Führungskräfte als Vorbild
Ideentool (KVP / BVW)
Mitarbeiterverpflegung
Freud- und Leidkasse

Unternehmenskommunikation

Betriebs-/Abteilungs-
versammlung
Monatsberichte
Intranet

HR-Ziele 2003   **HR-Projekte 2003**   Einordnung Einflussgröße: hoch   mittel   gering

58

gelingt, wirklich gute, kreative und teilweise auch »querdenkende« Mitarbeiter in Ihrem Unternehmen »auszuhalten«, haben Sie eine realistische Chance, anderen stets eine Nasenlänge voraus zu sein. Nonkonformität in diesem absolut positiven Sinne zahlt sich immer aus.

So hätte Ryan Air nie eine Chance gehabt, sich im Fluglinien-Geschäft zu etablieren, wenn nicht sämtliche Elemente der Wertschöpfungspalette einer Fluggesellschaft radikal hinterfragt worden wären. Dasselbe gilt für Toyota mit seinem vorbildlichen Produktionssystem, für Aldi als Discounter im Lebensmitteleinzelhandel sowie für Puma im sportiven Bekleidungsbereich. Hier wurden überall fundamentale Lösungen mit Bestand erarbeitet, die aus klassischer »Querdenke« entstanden sind.

Wenn Sie nur »Benchmarker« um sich scharen, die Schulwissen mit »Abkupfern« kombinieren, wird Ihr Unternehmen zu den »Followern« gehören. Spitzenstellungen lassen sich nur durch kreative und mutige neue Wege beschreiten. Wer sich nur auf ausgetretenen Trampelpfaden bewegt, ist sofort im Rückstand. Konformisten sind vielleicht einfach zu führen - tragen aber auch nichts Originäres dazu bei, um andere zu überholen und »Spitze« zu werden!

Es ist schon interessant, dass wir in drei Schritten des »BASICON« auch schon drei verschiedene Spezialisten kennen gelernt haben:

> ▶ den weltoffenen, aufnahmebereiten Unternehmer, der stets die Chance wittert und aufkommende Probleme erkennen kann;
> ▶ den sachlichen und unbestechlichen Analytiker, der die harten »Facts and Figures« zu Papier oder aufs »Spreadsheet« bringt;
> ▶ den kreativen, innovativen Querdenker, der immer gut ist für unkonventionelle Wege und Lösungen!

Das ist Teamwork! Einer alleine verfügt kaum über diese drei Fähigkeiten in einer Person. Und wir werden noch weitere Fähigkeiten kennen lernen, die unser »BASICON« erfordert.

4. Schritt: Alternativenbewertung und Entscheidung

Wenn Sie sich im dritten Schritt Klarheit darüber verschafft haben, mit welchen realistischen Alternativen einem Problem beizukommen ist bzw. wie eine Chance genutzt werden kann, sind Kosten und Nutzen bzw. Chancen und Risiken jeder Alternative unter Abwägung sämtlicher Vor- und Nachteile dahingehend zu bewerten, welcher Ansatz nun wirklich am geeignetsten ist.

Hier ist ebenfalls eine neue Vorgehensweise gefordert, da zumeist eher gefühlsmäßig entschieden wird, statt eine systematische Ableitung der besten Lösungsalternative vorzunehmen. Die Bewertung der Alternativen setzt im Regelfall erneut vertiefende Analysen voraus, um zu beurteilen, wie Kosten und Nutzen bzw. Chancen und Risiken verteilt sind. In jedem Fall ist also eine klassische Kosten-/Nutzen-Betrachtung vorzunehmen, indem möglichst viele quantitative Daten eingespeist werden, die dann durch qualitative Fakten untermauert werden müssen.

So sind Faktenabschätzungen, Plausibilitätsrechnungen, »Pretests«, Szenarioplanungen und anderes mehr anzustellen, um im Hinblick auf die Entscheidung zu fundierten Aussagen - ohne »glauben« und »meinen« - zu kommen. Interessant an dieser Vorgehensweise ist, dass sich überaus komplex erscheinende Entscheidungssituationen als relativ einfach darstellen, wenn die beteiligten Fakten zusammengetragen sind. Die eigentliche Entscheidung fällt dann häufig nahezu automatisch.

In die Bewertung der Alternativen muss natürlich auch die aktuelle Lage des Unternehmens einbezogen werden. Was unter Rentabilitätsaspekten absolut richtig scheint, kann unter Liquiditätsaspekten völlig ungeeignet sein. Das ist der große Vorteil der Methode. Es gibt kein Patentrezept für »richtig« oder »falsch«, sondern man hat eine systematische Vorgehensweise zur Hand, die jederzeit auf den Kontext des Unternehmens eingehen kann und muss!

Die vorgestellte Vorgehensweise macht - interessanterweise - die enge Einbindung von »Führungskräften« in Entscheidungen immer entbehrlicher, da Teams - sofern sie die ihnen gestellte Aufgabe richtig erledigen und auch wirklich alle sinnvollen Alternativen zusammentragen und adäquat bewerten - keinen »Vorgesetzten« mehr brauchen, um eine Entscheidung zu treffen (und damit das Risiko zu übernehmen), sondern selbst dazu in der Lage sind, was ihre Position stark aufwertet: »Empowerment« in Reinkultur, eingebunden in einen Gesamtkontext und nicht als isoliertes Einzelwerkzeug.

Führungskräften kommt damit künftig überwiegend die Aufgabe zu, die Systematik des Vorgehens kritisch zu prüfen, Rahmenbedingungen zu definieren und Alternativen auf Vollständigkeit zu prüfen, statt als allwissende (Bauch-)Entscheider zu fungieren.

Sicher ist es auch in Schritt 4 nötig, analytische Fähigkeiten einzubringen und zu entwickeln, um die Optionen zur Lösung der Probleme und zur Nutzung der Chancen systematisch bewerten zu können. Hierzu gehört, Gesamtzusammenhänge zu erkennen, damit nicht die Lösung eines Teilproblems neue Probleme bedingt oder die vermeintliche Nutzung einer Chance ein handfestes Problem entstehen lässt.

Zu Schritt 4 gehört daher neben der Analytik auch Erfahrungswissen und eine ausgeprägte Fähigkeit zu Wissenstransfer, um - abgeleitet aus ähnlichen Situationen - gute Problemlösungen zu adaptieren. Dieses Erfahrungswissen wird heute viel zu wenig geschätzt, kann jedoch - richtig eingesetzt - für schwierige Entscheidungen Gold wert sein!

Trotz aller Abwägungen bleibt bei unternehmerischem Handeln eines immer: ein Restrisiko. An dieser Stelle ist unternehmerisches Denken und Handeln nach wie vor gefordert, nun allerdings bei stark reduzierter Fehlerwahrscheinlichkeit. Irren ist menschlich! Nur sollte man das Irrtumsrisiko angesichts der hohen Beträge, die heute im Spiel sind, auf ein absolutes Minimum reduzieren.

5. Schritt: Umsetzungsplanung

Ergebnis des vierten Schritts ist die konkrete Entscheidung, wie eine Chance realisiert bzw. wie ein vorhandenes Problem gelöst werden soll. Damit stellt sich die Aufgabe, festzulegen, wer welche Tätigkeiten in welchem Zeitraum mit welchen Mitteln und mit welcher Unterstützung wahrnimmt, da die Umsetzung jeder Entscheidung aus sehr vielen Einzelhandlungen besteht (WER macht WAS bis WANN mit WELCHEN Mitteln?).

Beispielsweise macht es eine einfache Modifikation an einem Teil einer Waschmaschine zur Behebung eines Qualitätsproblems erforderlich, dass in mehreren Organisationseinheiten mehrere unterschiedliche Aufgaben wahrgenommen werden, die aufeinander abgestimmt sein müssen, soll das Problem nachhaltig und zeitgerecht gelöst werden:

- ► Wer sichert mit welchen Tests die Qualität der neuen Lösung?
- ► Wer nimmt die Änderung in der Zeichnung vor?
- ► Wer stimmt die Änderung mit dem Lieferanten ab?
- ► Wer stellt das Auslaufmanagement des Altteiles sicher?
- ► Wer stellt das Anlaufmanagement des neuen Teiles sicher?
- ► Wer gewährleistet die Ersatzteilversorgung des Altteiles?
- ► Wer stellt sicher, dass keine Überbestände entstehen?
- ► Wer modifiziert die Ersatzteildokumentation?
- ► Wer informiert den Kundendienst, weltweit?
- ► Wer wählt den neuen Lieferanten aus?
- ► Wann können die einzelnen Tätigkeiten abgeschlossen sein?
- ► Welche Mittel/Werkzeuge sind erforderlich?
- ► Was wird der Umstellungsaufwand inklusive Werkzeugen kosten und wie viele Ressourcen werden intern gebunden?

Das einfache Beispiel demonstriert, wie komplex es ist, überschaubare Prozessketten - und damit Mitarbeiter - aufeinander abzustimmen, wenn schon die Änderung eines einzigen Teils einen solchen Abstimmungs- und Koordinierungsbedarf erzeugt.

Stellen Sie sich vor, wie schwierig es erst wird, ein ganzes Unternehmen in seiner strategischen Ausrichtung zu verändern, da hier von allen Führungskräften und Mitarbeitern Aufgaben übernommen werden müssen, die dazu führen, dass das Schiff geordnet - aber beständig - seinen Kurs im Hinblick auf die neue Richtung verändert.

Entscheidend für Erfolg oder Misserfolg der Realisierung einer Chance bzw. der Lösung eines Problems ist die detaillierte Planung der Umsetzung der einzelnen Schritte, damit das Endergebnis konkret erreicht wird. Klappt Schritt 5 nicht oder nicht richtig, bleiben sämtliche guten Vorüberlegungen Theorie und »Blabla«. Der fünfte Schritt ist die Domäne des Organisators, der die Dinge »im Griff« hat. Der genau weiß, wo in der Umsetzung etwas schief gehen kann und für den Fall der Fälle meist schon Alternativen vorgedacht hat. Ein völlig anderes Talent als die Talente, die wir in den ersten vier Schritten kennen gelernt haben.

6. Schritt: Lösungskommunikation

Wie im fünften Schritt bereits angeklungen, erfordert die Lösung fast jedes Problems bzw. die Realisierung nahezu jeder Chance die Mitwirkung zahlreicher Mitarbeiter in den Organisationseinheiten des Unternehmens. Daher ist es wesentlich, den Plan zur Chancennutzung bzw. zur Problemlösung mit den darin vorgesehenen Mitarbeitern zu besprechen, sobald er klar ist, damit sie die einzelnen Aufgaben (wie in Schritt 5 vordefiniert) übernehmen und ausführen können.

Dieser Schritt ist sehr wertvoll und wird heute noch häufig vergessen, weshalb Mitarbeiter nicht selten demotiviert werden, wenn sie nur erfahren, was sie tun müssen, den Gesamtzusammenhang (warum sie was in welcher Zeit erledigen müssen) jedoch nicht mehr erkennen. Es ist Aufgabe dessen, der für die Lösungsrealisierung verantwortlich ist, dass alle Mitarbeiter, die in den Prozess einbezogen sind, ausreichend informiert und in die Lage versetzt werden, die Gesamtzusammenhänge zu erkennen, damit sie sich mit der Aufgabenstellung voll identifizieren können.

Deshalb ist es unverzichtbar, mit diesen Mitarbeitern im Sinne gut geführter Besprechungen viel verbal zu kommunizieren, damit auch Fragen kurzfristig geklärt werden können. Bedeutsam ist, so einsichtsfördernd zu wirken, dass Sinn und Zweck der Aufgaben erkannt und die Bedeutung der Aufgaben voll erfasst werden.

Hierzu zählt auch, richtig zu motivieren, so dass der bestmögliche Einsatz erfolgt. Gerade Mitarbeiter unterhalb der Leitungsebene werden ungemein motiviert, wenn sie erkennen, dass Erfolg oder Misserfolg eines Projekts - bisweilen sogar des Geschäftsbereichs oder der ganzen Firma - von ihnen abhängt. Da habe ich schon Kräfte frei werden sehen, die zuvor auch nicht annähernd zu ahnen waren. Investieren Sie also in diesen Schritt, es lohnt sich!

7. Schritt: Ausführung

Bis einschließlich des sechsten Schritts des »BASICON« ist überwiegend gedankliche Arbeit gefordert. Erst im siebten Schritt werden »praktische« Aktivitäten eingeleitet, die - bezogen auf Teile, Maschinen, Prototypen etc. - konkretisiert sind. Um die Ausführung richtig zu gestalten, ist im siebten Schritt vor allem Fachwissen gefordert, das die Mitarbeiter im Regelfall durch ihre Fachausbildung mitbringen.

Angesichts des hohen Ausbildungsstands vieler Mitarbeiter in den Betrieben sind an dieser Stelle die besten Voraussetzungen geschaffen, um im siebten Schritt gute Arbeit zu leisten. Nur dort, wo diese Voraussetzungen nicht gegeben sind, sollte auf externe Anbieter und Dienstleister zurückgegriffen werden, die über das Know-how verfügen, das hausintern nicht vorgehalten wird.

Zum siebten Schritt gehören Ausdauer, Arbeitsdisziplin, Genauigkeit, Pünktlichkeit und insbesondere Fachwissen. Es ist eine primäre Aufgabe von Aus- und Weiterbildung, die Mitarbeiter auf dem aktuellen Wissensstand ihrer Disziplinen zu halten, der bekanntlich durch Wissenschaft und Praxis laufend erweitert wird.

8. Schritt: Überwachung des Erfolgs der Chancennutzung bzw. der Problemlösung

Dies ist die Domäne des Controllers: Lernen kann ohne selbstkritische Überprüfung im Sinne eines Vergleichs nicht stattfinden, ob bzw. inwieweit eine Chance realisiert wurde bzw. ob und inwieweit ein Problem gelöst wurde. Daher ist es erforderlich, sich selbst laufend ungeschminkt Rechenschaft abzulegen, ob die Aktivitäten der ersten sieben Schritte die gewünschten Ergebnisse erbracht haben oder ob Störungen - warum auch immer - dazu geführt haben, dass ein Problem doch noch nicht gelöst ist bzw. eine Chance doch noch nicht genutzt werden konnte. Je nach dem wird Schritt 8 automatisch immer einen Schritt 1 zur Folge haben, und zwar in zweierlei Hinsicht:

- ► Wurde das Problem nachhaltig gelöst oder die Chance genutzt? Ja - dann können wir uns sofort dem nächsten Problem bzw. der nächsten Chance widmen.
- ► Wurde ein Problem noch nicht gelöst bzw. eine Chance nicht genutzt, müssen wir uns noch einmal damit beschäftigen und erneut das »BASICON« zum selben Thema »drehen«. Diesmal allerdings auf höherem Niveau, da wir aus den Erkenntnissen der ersten Runde lernen können, die noch keine optimalen Ergebnisse erbrachte. Jetzt - beim zweiten Versuch - geht es darum, mit einer anderen Lösungsalternative bzw. mit einem verbesserten Projektplan oder einer verbesserten Ausführung an der Lösung zu feilen, um das Ergebnis doch noch oder noch besser zu erzielen.

Ich kenne Situationen, da hat es mehr als zwei Anläufe gebraucht, bis ein komplexes Problem nachhaltig gelöst war. Aber in diesem Prozess wurde so viel gelernt, dass ein kaum aufzuholender Wettbewerbsvorsprung entstand. Und Lernen ist ja Sinn und Zweck dieser Übung.

Zum achten Schritt gehört damit unzweideutig ein hohes Maß an Fähigkeit zur Selbstkritik, indem alle akzeptieren, dass schon mal Fehler gemacht werden (dürfen) und dass jeder Einzelne Fehler macht.

Entscheidend ist aber, dass daraus gelernt wird, so dass sich ein Fehler möglichst nicht wiederholt, sondern zum Anlass genommen wird, Korrekturen und Anpassungen vorzunehmen. Außerdem gehört dazu, permanent um Transparenz bemüht zu sein, also Probleme nicht verschleiern zu wollen, speziell Zielabweichungen, sondern letztere laufend präsent zu haben und daran zu arbeiten, dass diese Abweichungen immer weiter reduziert werden (schrittweise Optimierung).

Beispiele sind die monatliche Ergebnisrechnung, die Liste der Realisierung von Einsparpotenzialen, Kunden-Zielumsätze, Gebiets-Zielumsätze, Lieferfähigkeit, Qualitätsmängel usw., die täglich, monatlich, vierteljährlich oder jährlich in Berichtsform vorliegen müssen, damit wir stets die Maßstäbe vor Augen haben, an denen wir uns messen. Nur mit dieser positiven (lernbereiten) Einstellung zu Schritt 8 ist die Voraussetzung für ein funktionierendes Lernunternehmen geschaffen. Wenn berechtigterweise geübte Kritik als Angriff auf die Persönlichkeit interpretiert wird, wird ein Lernunternehmen nur schwer zu errichten sein.

Der achte Schritt ist die wichtigste Quelle des ersten Schritts im »BASICON«: der Identifikation von Problemen und Chancen. Hierzu ein weiteres Beispiel aus der Praxis: Im Rahmen der Budgetplanung eines Elektrowerkzeugherstellers für das Folgejahr erhitzten sich die Gemüter darüber, ob die erhöhten Garantieaufwendungen in Australien zu Lasten des Ergebnisses der Ländergesellschaft gehen sollten oder zu Lasten der Zentrale. Schnell kamen Emotionen ins Spiel, weil natürlich keiner den »Schwarzen Peter« - sprich die Kosten - aus seinem Budget decken wollte. Bis sich Gott sei Dank einer an das »BASICON« erinnert und sagt: »Zuerst sollten wir klären, warum die Garantieaufwendungen in Australien viel höher sind als in Europa. Und auch noch, warum die Garantiequote deutlich ansteigt, während sie woanders sinkt«.

Damit war der erste - entscheidende - Schritt getan, aus einer emotionalen Konfliktsituation zu einem produktiven Lernprozess zu gelangen. Zumal die Beantwortung des »Warum« auf einen Schlag fünf Einzelprobleme zu Tage gefördert hat, die jeweils einzeln zu konkreten Aktivitäten und Maßnahmen geführt haben:

▸ Die Qualität eines in Australien oft verkauften Gerätes war tatsächlich schlechter geworden. Konstruktion und Qualitätssicherung erhielten den Auftrag, die Hauptschadensquellen »Schalter und Elektronik« durch konstruktive Maßnahmen zu beseitigen.

▸ Die Garantiebedingungen in Australien wurden vor Jahren eigenmächtig geändert. Die Gesellschaft musste daher neue - international übliche - Bedingungen festlegen und einführen.

▸ Der Vertrieb der Gesellschaft war auf industrielle Kundengruppen fokussiert, für die diese Geräte aber überhaupt nicht ausgelegt waren. Die Geräte werden dort jedoch besonders leicht verkauft, weil sie viel handlicher und leichter sind als typische Industriegeräte - mit der Folge hohen Verschleißes. Daher wurde geregelt, dass Geräte im Industrieeinsatz nur noch in Verbindung mit einer bezahlten 3-Jahres-Garantie verkauft werden durften.

▸ Der Kundendienst wurde in Australien geschickt als Verkaufsförderung eingesetzt. Immer dann, wenn es bei Preisgesprächen schwierig wurde, wurde ein Kontingent »Kulanz-Reparaturen« vereinbart. Dieses Verfahren wurde sofort gestoppt.

▸ Dem Vertrieb fällt es schwer, Maschinen mit Original-Zubehör im Handel zu platzieren. Daher wurden in der Regel billige Sägeblätter, Schleifteller, Fräser etc. auf die Geräte montiert, die zum Teil extreme Vibrationswerte hatten, was die Gesamtlebensdauer stark beeinträchtigte. In diesem Sinne wurden Programme verabschiedet, um die Forcierung des Zubehörverkaufs voranzutreiben - mit entsprechend positiven mittel- bis langfristigen Effekten.

Das Beispiel zeigt, welche positiven Lernprozesse ein einziges erkanntes und zugelassenes Problem auslösen kann, wenn ihm bis an seine Wurzeln nachgegangen wird und wenn die Ursachen daraufhin mit ganz konkreten Maßnahmen bekämpft werden. In diesem Fall konnte die Garantiequote bereits im ersten Jahr nach der geschilderten

Diskussion auf Normalmaß reduziert werden, ohne dass alle Maßnahmen bereits ihre volle Wirkung entfaltet hätten. Wahrscheinlich wird
dieser Fall in zwei bis drei Jahren sogar dazu führen, dass andere Länder
wieder von Australien lernen können, weil dort die entsprechenden
Kosten »Benchmark-Niveau« erreicht haben - ohne die Kostenoptimierung auf dem Rücken der normalen Kunden auszutragen. Übrigens
ein Beispiel, warum sich dieses Unternehmen gern und bewusst ein
»Lernunternehmen« nennt: weil Probleme Chancen darstellen und
»kollektive Lernprozesse« auslösen.

Die Beschreibung der Methode hat gezeigt, dass neben ausgeprägter
Disziplin in der systematischen Abarbeitung der acht Schritte viele Talente gefordert sind, die nur ganz wenige Spitzenleute auf sich verei-
nen: die analytischen Fähigkeiten im ersten und zweiten Schritt, die
Kreativität in Verbindung mit kritischem Hinterfragen im dritten Schritt,
analytischer Sachverstand gepaart mit Entscheidungsfreude im vierten
Schritt, planerische Systematik im fünften Schritt, kommunikative Fähigkeiten im sechsten Schritt sowie Konsequenz im Handeln in den
Schritten sieben und acht!

Vor allen Dingen aber geht es um eines, nämlich um absolute Konsequenz in der Anwendung des »BASICON«. Glauben Sie mir, allein in
den paar dutzend Unternehmen, die ich als Berater von innen kennengelernt habe, wären Gewinnsprünge von mehreren Prozent »Return
on Sales« (ROS) möglich, wenn sich der Vorstand bzw. die Geschäftsführung nur gelegentlich an die wenigen systematischen Schritte halten würden. Der Erfolg wäre gar nicht zu verhindern! Aber da wird wild
ohne Grundlagen »aus dem Bauch« entschieden; dann wird wieder
umgeworfen; korrigiert, angepasst; dann nicht mal kontrolliert, was
herauskommt, sondern einfach weiterentschieden.

Dabei könnte in Unternehmen bei Anwendung des »BASICON«-Prin-
zips eine professionelle Ruhe einkehren, indem die aufkommenden
Probleme und Chancen systematisch abgearbeitet werden, und zwar

mit der Präzision einer Schweizer Taschenuhr. Ruhig, effektiv und effizient. Das täte allen Beteiligten gut und dem Jahresergebnis sowieso!

Machen Sie selbst Ihren Test! Nehmen Sie die letzten zwei Aufsichtsrats-, Vorstands- oder Geschäftsführer-Sitzungen. Wieviele Themen waren schon mehrfach auf der Agenda und sind immer noch nicht gelöst? Was wurde entschieden? Ganz konkret? Ist klar geworden, welches konkrete Problem bzw. welche konkrete Chance Sie damit lösen bzw. anpacken wollen, in Euro und Cent? Sind sie sicher, dass Sie das Problem damit an der Wurzel gepackt haben - oder beschleicht Sie rückblickend der Verdacht, dass da eventuell doch nur an Symptomen herumlaboriert wurde? Hat jemand die Probleme bzw. Chancen mit fünf »Warum« hinterfragt? Wurden Plausibilitäten vorgetragen? Vor allem - haben Sie Alternativen mit ihren Vor- und Nachteilen, Chancen und Risiken vorgetragen bekommen? Oder kam einer mit der fertigen Lösung an, nach dem (unausgesprochenen) Motto: »friss oder stirb«?

Es ist zwar noch nicht überall Mode, in Beirats- oder Aufsichtsratssitzungen die Geschäftsführung zu hinterfragen. Doch ich kann nur dazu ermuntern, dies zu tun. Auch wenn es als Majestätsbeleidigung aufgefasst wird. Hierzu ein konkreter Fall: Der Geschäftsführer eines Bauunternehmens trägt ein Akquisitionsprojekt vor, nicht ohne zu erwähnen, mit welchen Mühen und Aufwendungen alles vorbereitet wurde. Wie schwierig es war, die Geschäftspartner von Diesem und Jenem zu überzeugen. Und natürlich, wie wichtig es für das Unternehmen ist, hier und heute in der Beiratssitzung das Projekt definitiv zu verabschieden. Gesamtvolumen deutlich im zweistelligen Mio-Euro-Bereich. Wer traut sich da dann noch, hart zu hinterfragen?

Das Gremium hat es getan mit dem Ergebnis, dass der eigentliche Beweggrund für die Akquisition in den persönlichen Zielstellungen des Geschäftsführers lag! Der nachhaltige strategische Nutzen für das Unternehmen blieb hingegen verborgen.

69

Oder das andere Extrem: Hier hat die Geschäftsführung ein Problem, aber bei weitem keine plausible Lösung! Das hört sich dann so an: »Wollten nur das Problem aufzeigen..., sensibilisieren für das Thema..., ansprechen..., sie informieren...«! Kennen wir alles. Und wenn es dann kracht, kommt derselbe Geschäftsführer und sagt: »In der Sitzung vom... habe ich ausdrücklich auf den Sachverhalt hingewiesen...«! Ist Ihnen das nicht auch schon passiert? Und noch etwas: Sind Sie sicher, dass Ihre Entscheidung später im fünften und sechsten Schritt wirklich so umgesetzt werden kann, wie Sie sich das in der Sitzung vorgestellt haben? Wer was bis wann mit welchen Ressourcen machen muss?

Wir wissen es und lernen es jeden Tag neu: Was schief gehen kann, geht schief. Nichts dem Zufall zu überlassen ist das einzige Gegenmittel. Und vor allem: Wann ist das Thema wieder auf der Tagesordnung? Wann trägt der Verantwortliche vor, wo er nach Projektplan steht bzw. ob sich die Kenngrößen in die richtige oder falsche Richtung bewegen?

Die Kontrollfragen im zweiten Teil unseres »Selbstaudits«: Um zu beurteilen, über welche Managementkapazitäten das Unternehmen nachhaltig verfügt, sollten Sie diese Fragen jedes Jahr beantworten:

> ► Haben wir eine exakte Prioritätenliste für das Unternehmen, welche Probleme bzw. Chancen in welcher Reihenfolge und mit welcher Bedeutung für das Unternehmen angepackt werden sollen?
> ► Haben wir einen genauen Überblick darüber,
>> - welche bedeutenden Probleme in den letzten fünf Jahren nachhaltig gelöst werden konnten;
>> - welche bedeutenden Chancen in den letzten fünf Jahren nachhaltig genutzt werden konnten;
>> - welche Management-Kapazitäten aktuell für welche Probleme/Chancen eingesetzt werden?

Wenn Sie hier zu dem Schluss kommen, Sie hätten alles im Griff, meinen herzlichen Glückwunsch! Sie haben einen von drei Prozessen unter Kontrolle! Das freut mich für Sie. Dann beherrschen Sie und Ihr Unternehmen die Kunst des Problemlösens und des Chancennutzens. Beides ist wirklich eine Kunst, weil es nicht um die Umsetzung vorgefertigter Patentlösungen geht, sondern um den richtigen Einsatz von Methoden und Werkzeugen unter Beteiligung des ganzen analytischen und kreativen Sachverstands im Unternehmen. Dies zu orchestrieren, damit es eine Symphonie wird, ist Ihre Aufgabe als Unternehmer.

3. FÜNF SCHRITTE ZUR TOP-PERFORMANCE: DER PROZESS »T.O.S.«

3a) EINFÜHRUNG

Schauen wir uns an, wie es um unsere Unternehmen bestellt ist: Gewinneinbrüche, rückläufige Ratings, ein dramatischer Anstieg der Insolvenzen! Muss das so sein? Ja, ein ganz klares Ja! Wir befinden uns in einem gnadenlosen Auswahlprozess, in dem nur die Stärksten überleben - die Spitzenleister eben: ob Preis- oder Leistungsführer. Entscheidend ist die herausragende Leistung, die unsere Kunden täglich von uns, ihren Lieferanten, erwarten.

Dass bei diesem Profil viel »Mittelmaß« auf der Strecke bleibt, ist normal und natürlich. Das ist auch gut so, weil so Kapazitäten vom Markt verschwinden, die faktisch nicht benötigt werden. Leider wirkt das neue Insolvenzrecht in Deutschland genauso kontraproduktiv wie »Chapter 11« in den USA. Beide Regelungen halten die Angebotsbereinigung aber nicht auf, sondern verzögern sie nur (unnötigerweise). De facto aber wird sie noch viel dynamischer werden, mit fatalen Folgen für zehntausende Betriebe und für die kreditgebenden Banken. Die Schlüsselfrage ist: Was soll aus Ihrem Unternehmen werden? Wollen Sie früher oder später auch ein Insolvenzfall sein?

Jetzt denken Sie, das ist schon alles richtig, aber in meiner Branche und in meinem Unternehmen gibt es das alles nicht! So wie der Kettenraucher, der die Lungenkrebsstatistik für sich interpretiert: Immerhin 10 % der Kettenraucher erreichen ein Lebensalter von über 80 Jahren. Dass diese Zahl bei Nichtrauchern bei 30 % liegt, interessiert ihn nicht. Er ist fest davon überzeugt, dass es ihn nicht trifft. Zur Beruhigung des Gewissens werden irgendwelche Therapien praktiziert, die aber nachweislich keinen Einfluss auf die Mortalitätsrate von Kettenrauchern haben. Hier ist jede Hilfe und Unterstützung vergeblich! Der Mensch wird seinen Gang nehmen.

So wie viele, viele Unternehmen eben auch ihren Gang nehmen und noch nehmen werden. Ist das verantwortungsvoll? Werden Sie damit Ihrer Unternehmeraufgabe gerecht? Welche Chance haben Ihre auf diese Weise arbeitslos werdenden Mitarbeiter und deren Familien? Können Sie da noch in den Spiegel schauen - als Versager in Ihrem Wohnort gebrandmarkt? Als Versager vor Ihren Geldgebern, deren Vermögen Sie mit vernichtet haben? Sie haben die Wahl: Führung im eigentlichen Sinne zu beweisen und Ihr Unternehmen zu TOP-Leistungen bringen - oder eines schönen Tages nicht eben ehrenhaft von der Bildfläche abzutreten.

Beruhigen Sie sich nicht mit dem Gedanken »bisher ist doch alles gutgegangen«! Ist es, aber bisher waren auch die Märkte nicht so gnadenlos wie sie es heute sind. Und es wird eben nicht besser, sondern immer anspruchsvoller! Und verlassen Sie sich nicht auf »schmerzlindernde Medikamente«, dosiert verabreicht von Allerweltsberatern, die - immer mehr - aus Positionen kommen, in denen sie selbst versagt haben! Das Einzige, was zählt, ist: Blicken Sie der Realität ins Auge! Betreiben Sie keine Schönfärberei; Schmerzmittel heilen nicht, sondern trüben höchstens den Blick.

Treffen Sie Ihre persönliche Entscheidung: Ja, ich will mein Unternehmen zur Spitzenleistung führen, auch wenn es schwierig wird. Ich will! Wiederholen Sie dieses »ich will!« so oft, bis Sie es wirklich wollen! Lippenbekenntnisse nützen Ihnen nichts. Wenn Sie wirklich wollen, dann sind Sie auch bereit, die Mühen und Strapazen dieser Expedition ins absolute Hochland der Spitzenunternehmen auf sich zu nehmen. Wenn Sie es nur halbherzig wollen, werden Sie bereits auf einer der ersten Durststrecken stehen bleiben und wahrscheinlich umdrehen. Hier kann ich meine persönliche Enttäuschung aus vielen Unternehmergesprächen nicht verheimlichen: »Wollen täten wir schon gerne können, aber trauen tun wir uns nicht dürfen«!

Da müssen Eigentümer, Vorstandskollegen, der Betriebsrat und ich weiß nicht wer alles herhalten als Ausrede dafür, dass der Unternehmer - der Chef des ganzen Ladens - sich nicht traut, vor seine Mannschaft zu treten und zu erklären: Ich will, dass wir das Überleben dieses Unternehmens langfristig sichern. Deshalb werden wir uns mächtig anstrengen müssen, um auf diesem oder jenem Sektor wirkliche Spitzenleistungen zu erbringen. Trauen Sie sich! Ich kenne genug hervorragend geführte Unternehmen, welche die vier Schlüsselfragen aus der Einleitung mit einem klaren »Ja« beantworten können.

Alle diese Unternehmen verbindet zumindest eines: Sie haben einen Chef an der Spitze, der über Jahre, wenn nicht Jahrzehnte, das eherne Prinzip verkörpert: Ich will, dass diese Firma hier auf Ihrem Gebiet in dieser oder jener Richtung absolute Spitzenleistung erbringt! Jeden Tag aufs Neue und jeden Tag noch etwas besser!

Dass wir uns nicht falsch verstehen: solche Unternehmer sind keineswegs alle perfekte Redner oder Charismatiker. Die gibt es auch. Oft aber sind diese verantwortungsbewussten Menschen völlig gegensätzliche Charaktere: Chefs mit Tiefgang, eher introvertiert, sogar schüchtern, allerdings ausgezeichnet mit eisernem Willen und hoher Disziplin; Vorbilder, die sagen: Ich will, dass das so wird!

Diese robusten Naturen halten es aus, wenn ihre Umwelt gelegentlich sagt, jetzt spinnt der aber! Die halten fest, wenn der Gegenwind auch mal in Orkanstärke kommt. Die knicken nicht gleich ein, wenn sich der

Betriebsrat mal räuspert. Und die machen sich auch nicht abhängig von fremden Dritten, etwa von den Banken oder von Großkunden.

Ist das nicht auch etwas für Sie? Trauen Sie sich das zu? Denken Sie darüber nach! Aber halt - bevor Sie sagen, ich will das nicht, seien Sie sich im Klaren: Sie sollten dann die Leitung Ihres Unternehmens so schnell wie möglich abgeben. An einen, der sagt, ich will und ich kann! Sonst handeln Sie verantwortungslos und werden verantwortlich für die Schicksale der Familien Ihrer Mitarbeiter. Je mehr, desto schlimmer!

Auf den nächsten Seiten geht es darum, Sie an die Hand zu nehmen, um mit Ihnen die fünf entscheidenden Schritte zur Spitzenleistung zu besprechen. Das ist - wenn Sie so wollen - Mechanik, »Procedure«! Doch es bringt alles nichts, wenn Sie mental nicht bereit sind, diese Spitzenleistung auch wirklich erreichen zu wollen. »Are you ready for top performance?« Dann starten wir! Zur totalen operativen Spitzenleistung in fünf Schritten.

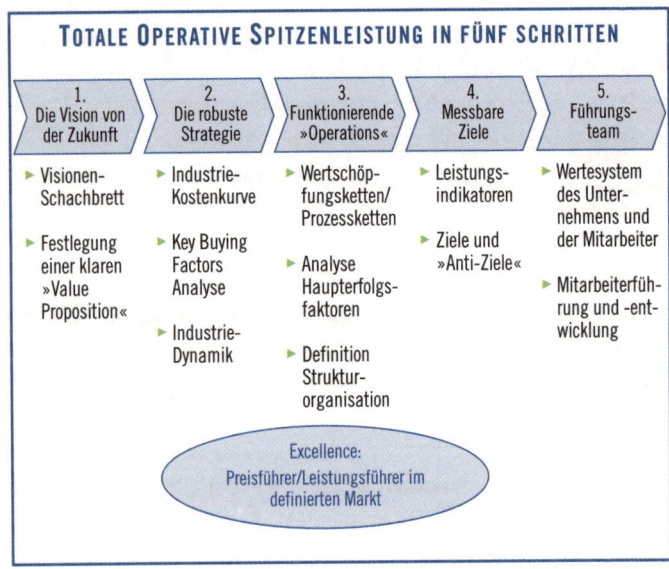

TOTALE OPERATIVE SPITZENLEISTUNG IN FÜNF SCHRITTEN

1. Die Vision von der Zukunft	2. Die robuste Strategie	3. Funktionierende »Operations«	4. Messbare Ziele	5. Führungs-team
▶ Visionen-Schachbrett	▶ Industrie-Kostenkurve	▶ Wertschöp-fungsketten/ Prozessketten	▶ Leistungs-indikatoren	▶ Wertesystem des Unter-nehmens und der Mitarbeiter
▶ Festlegung einer klaren »Value Proposition«	▶ Key Buying Factors Analyse	▶ Analyse Haupterfolgs-faktoren	▶ Ziele und »Anti-Ziele«	▶ Mitarbeiterfüh-rung und -ent-wicklung
	▶ Industrie-Dynamik	▶ Definition Struktur-organisation		

Excellence:
Preisführer/Leistungsführer im definierten Markt

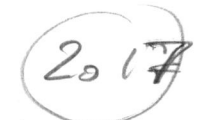

3b) SCHRITT 1: DIE VISION VON DER ZUKUNFT

Haben Sie eine klare Vorstellung von der Zukunft Ihres Unternehmens? Wo soll Ihre Firma 2020 stehen? Natürlich wissen Sie nicht, was in 15 oder 20 Jahren ist. Aber hier legen Sie fest, was Sie konkret wollen.

Mindestens müssen Sie wissen, ob Sie sich dem Lager der Preisführer zuordnen wollen oder mehr bei den Leistungsführern sind. Diese Entscheidung kann nicht ohne Kenntnis der originären Wurzeln Ihres Unternehmens getroffen werden. Je nachdem, welchem Lager Sie heute näher stehen bzw. in der Vergangenheit näher gestanden haben, wird diese Entscheidung ausfallen müssen. Trivial, sagen Sie. Richtig, aber haben Sie sich schon konkret - digital - festgelegt?

Ganz so einfach ist es nun doch nicht. Im Kopf schon, aber im Bauch; da ist doch noch das gut funktionierende Geschäft oder der Geschäftsbereich, der so reibungslos läuft. Aber die sind eigentlich im anderen Lager. Ja, sollen wir denn das..., nur wegen dieser dämlichen Festlegung..., einfach so? Nein, das können wir doch nicht! Denn das würde doch bedeuten, dass wir auf ... % unseres Umsatzes verzichten müssen! Das kann doch nicht Ihr Ernst sein? Doch! Ist es!

Aber, bevor wir diskutieren: Legen Sie das Buch beiseite, schlafen Sie einmal, zweimal und öfter darüber - und lesen Sie noch einmal das erste Kapitel: Warum überhaupt? Sind Sie jetzt soweit?

Also gut, dieses eine Geschäft oder diesen Geschäftsbereich mit dem Umsatzanteil ... % werden wir wohl auf längere Sicht vergessen müssen. Dann können Sie sich voll und ganz auf Ihr Hauptgeschäft konzentrieren. Super, oder? Ich weiß, Unternehmern fällt es schwer, sich von etwas zu trennen. Das geht nicht von heute auf morgen. Geben Sie sich einen Ruck. Er eröffnet völlig neue Perspektiven. So, wir wissen jetzt, in welchem Lager wir spielen! Wissen wir denn auch schon, auf welchen Produkt-/Dienstleistungsmärkten wir spielen wollen?

Nehmen wir einen Hersteller hydraulischer Komponenten wie Ventile, Schläuche oder Pumpen. Das alles sind Komponenten der Hydraulik und damit Teile der Industrieautomatisierung des Maschinenbaus oder des Gerätebaus im Hinblick auf Raupen, Bagger und anderes Gerät.

Unser Hersteller ist überall vertreten in guter, mittlerer Positionierung, teilweise sogar Nr. 2 und 3 in einzelnen Regionen. Wo aber soll er jetzt Spitzenleistungen bringen wollen? Egal, ob Preis- oder Leistungsführer, eine verdammt schwierige Geschichte! Überall drin, aber nirgends Spitze! Leistungsführer in allen Komponenten für den Gerätebau oder nur für Bagger oder vielleicht doch für die Industrieautomatisierung?

Mein Gott - oder vielleicht doch nur Pumpen, dafür aber über alle Industrien hinweg? Immerhin besteht hier der höchste Marktanteil. Aber - das neue Werk in Italien produziert doch nur Ventile. Soll das umsonst gewesen sein? Hätten wir das doch nie angefangen mit diesem Blödsinn »Spitzenleistungen«!

Halt, bevor Sie das Buch wieder weglegen! Haben Sie die Diskussion um Daimler-Benz (damals noch) verfolgt? Ende der 80er Jahre war die Vision: »Integrierter Technologie-Konzern« mit allem, was mit Transport zu tun hat: Eisenbahnen, LKW, Flugzeuge, PKW, Helikopter, Transporter etc., inklusive der dazugehörigen Infrastruktur wie Satellitensysteme, Förderbänder usw.

Und heute? Konzentration auf Transport mit gummibereiften Fahrzeugen: Spitzenleistungen im Bereich PKW, LKW, Busse und Transporter! Was für ein Unterschied! Vor allem, wenn jetzt noch die internationale Dimension ins Spiel kommt. Global heißt weltweit! Mit dem »Integrierten Technologie-Konzern« ist das nicht zu machen. Das wäre wirklich die »Welt AG« - Größenwahn! Also zunächst Konzentration auf Spitzenpositionen in Europa. Aber jetzt im Transportsegment mit PKW, LKW, Bussen und Transportern sogar weltweit machbar - wenn wirklich Spitzenleistungen erbracht werden!

Merken Sie den Unterschied? In unserem Hydraulikbeispiel: »Integrierte Hydraulikbude« versus fokussierter Anbieter spezieller Produktkategorien. Dazwischen liegen Welten. Das sind zwei völlig verschiedene Unternehmen!

Oder nehmen wir die Allianz Versicherung nach der Übernahme der Dresdner Bank: Allround-Finanzdienst! Was, bitteschön, ist das strategisch? Lebensversicherungen, Vermögensberatung, Investmentbanking - alles greifbar. Klar. Aber: Rundum-Finanzdienstleistung, das wird noch schwierig werden! Im einen Fall der universale Alles-Woller, der am Ende nichts richtig kann und im anderen Fall der fokussierte Spezialist, der wirklich Spitzenleistungen erbringen kann, weil er seine »Wettbewerbsarena« genau kennt! Ein himmelweiter Unterschied!

Damit zurück zu Ihnen: Wie sind Sie heute aufgestellt? Welche Vision haben Sie? Heute eher noch »...Bude« oder schon fokussiert auf einige wenige, beherrschbare Segmente? Und wieder denken Sie an die Kunden, mit denen Sie doch eher »...Bude« sind, aber Gott sei Dank sind da ja auch die schön ausgerichteten Sortimente. Prima, lassen Sie Ihre Gedanken schweifen. Greifen Sie sich Ihren Katalog. Jetzt legen Sie das Buch wieder beiseite! Ein bißchen viel auf einmal!

Hallo, schön dass Sie weiterlesen! Ich kann mir vorstellen, wie Ihnen zu Mute ist. Jetzt sind wir auf Seite 3 dieses Programms und schon müssten wir eigentlich 10, 20, 30 % oder sogar noch mehr unseres heutigen Geschäftes vergessen! Das geht doch nicht! Niemals! Wie soll ich das dem Aufsichtsrat verkaufen? 20 % weniger Umsatz! Und eben haben wir dort sogar noch ganz speziell investiert! Und dann die ganzen Fragen der Mitarbeiter! Also nein, das kann ich doch nicht!

So hart das klingt: Wenn Sie es Ihrem Aufsichtsrat und Ihren Mitarbeitern jetzt nicht erklären, werden Sie ihnen noch ganz andere - viel grausamere - Dinge erklären müssen! Oder Ihr Nachfolger wird als Sanierer genau das tun: Er sucht nach den »Assets« und schneidet so lange ab (»beint aus«), bis er am »harten Kern« Ihrer Firma angelangt ist! Das sind dann genau die Bereiche, in denen noch die meiste Gewähr für Spitzenleistungen besteht. Wenn es überhaupt noch soweit kommt!

Also - wir können es drehen und wenden wie wir wollen, einer - am besten Sie - muss den Job machen: klar definieren, was Sie künftig wollen und was nicht, etwa »Spitzenleistung als Preisführer im Segment Hydraulik-Pumpen für Erdbewegungsmaschinen auf internationaler Ebene«. Das ist doch was - oder? Damit können Ihre Aufsichtsräte, und - vor allem - Ihre Mitarbeiter ganz konkret etwas anfangen, da sie jetzt den Schritt vom Abstrakten zum Konkreten geschafft haben.

Man sieht sie förmlich vor sich, diese Bagger, Raupen, Walzen - alle mit Ihrer Hydraulik. Unter »Integrierter Hydraulik-Anbieter« konnte man sich doch noch nie so richtig etwas vorstellen, sondern jeder nur etwas anderes! Nun, mit der neuen Formulierung, heißt es: Mensch, das schaffen wir! Begeisterung in der Entwicklung. Endlich eine klare Richtung. In der Produktion: Endlich können wir das Programm bereinigen. Nur eine Gruppe wird protestieren: Ihr Vertrieb! Weil Ihre Vertriebsmitarbeiter sofort erkennen: Da kommt richtig Arbeit auf uns zu! Und da fällt »automatischer« Umsatz weg. Sofern der Boss wirklich ernst macht. Also: Protest! Können wir so nicht machen. Untergang der Firma - obwohl sie eigentlich nur meinen: Untergang meiner Pfründe! Untergang der Umsatzprovision ohne viel Leistung! Bislang war es doch so bequem, die Firma in neue Produkte und neue Tätigkeitsfelder hineinzutreiben. Dann hatte man mit seinen alten Kunden bald das Geschäft. Jetzt müssen alle Erdbewegungsmaschinen-Hersteller weltweit abgeklappert werden - so ein Sch...! Verdammt schwer, da reinzukommen und noch schwerer, den lieben Wettbewerb zu verdrängen!

Echte Knochenarbeit, und wenn Sie es schaffen wollen - echte Spitzenleistung, die hier gefordert wird! Stellen Sie sich gedanklich schon darauf ein, dass Sie einen neuen Vertriebsleiter und etliche neue Key-Account-Manager akquirieren müssen!

So, das reicht für heute: Wir sind im ersten Schritt von »T.O.S.« Es fehlt ein stolzer Anteil vom Umsatz - einfach wegdefiniert. Und Sie verlieren voraussichtlich Ihre »besten Verkäufer«, weil die richtig Arbeit auf sich zukommen sehen. Schöne Aussichten!

3c) SCHRITT 2: DIE ROBUSTE, BELASTBARE STRATEGIE

Na, wie geht es Ihnen heute Morgen? Alles o.k.? Nicht so ganz? Völlig normal. Ihr Verstand sagt Ihnen: Das ist die Lösung. Heute sind wir viel zu breit aufgestellt. Wir machen von allem etwas, aber so richtig total verankert sind wir eigentlich nirgends. Und Ihr Unterbewusstsein - Ihre Magengegend - signalisiert Alarm! Achtung, da kommt Stress auf dich zu! Das wird kein Spaziergang! Nimm dich in Acht!

Richtig so! Wir sind ja auch erst beim ersten Schritt! Eine solche Vision muss mit harten, belastbaren Maßnahmen hinterlegt werden. Sonst bleibt sie ein Traum und damit ist noch gar nichts bewirkt! Unternehmer erzielen ihre Rendite durch Taten. Und wir wollen ja auch nicht von Spitzenleistungen träumen, sondern Spitzenleistungen erbringen! Also sind wir jetzt an dem Punkt angelangt, an dem es konkret werden soll.

Gehen wir zurück zu unserem Beispiel mit dem Hydraulik-Komponenten-Hersteller. Bitte sehen Sie es mir nach, dass ich hier wieder ein Beispiel aus der Industrie bringe. Überlegen Sie, warum Miele im Gebrauchsgüterbereich, Hilti bei Bohrmaschinen und Befestigungselementen, McDonalds in der Restauration oder Firmen wie Boss oder Hermès im Modebereich seit Jahrzehnten erfolgreich sind, gerade in Bezug auf die gestellten vier Schlüsselfragen. Die Logik der beschriebenen Vorgehensweise gilt für alle Märkte in gleicher Weise - lediglich die Inhalte müssen markt-/geschäftsspezifisch angepasst werden.

Wir haben gelesen, dass sich das Management in unserem Beispiel darauf verständigt hat, absolut führend werden zu wollen bei Hydraulik-Pumpen für Erdbewegungsmaschinen. Und zwar nicht als Leistungsführer, sondern als Preisführer. Die Ausgangsbasis ist günstig, da heute schon ein Weltmarktanteil von 15 % besteht, aber zur Führerschaft mit 30 - 40 % Minimum ist es doch noch ein ordentlicher Weg. Also: Wie packen wir das Ganze an?

Zunächst natürlich von der Seite des Kunden - alle Hersteller von Erdbewegungsmaschinen weltweit: Liebherr, Komatsu, Caterpillar und wie sie alle heißen! Das sind die Ausgangspunkte für Ihre Strategie!

Die Einkäufer und Ingenieure dieser ein bis zwei Dutzend Hersteller müssen Ihnen erklären, worauf es bei »Standard-Hydraulik-Pumpen« wirklich ankommt. Anders ausgedrückt: Was sind die »Key-Buying-Factors« dieser Kunden? Glauben Sie bitte nicht, das alles schon zu wissen! Ich wette mit Ihnen, Sie haben eine Ahnung - aber wirklich wissen tun Sie es (noch) nicht!

Also heißt es jetzt mit Vertrieb und Marketing einen Fragebogen auszuarbeiten, der bei allen Interviews mit den Herstellern für Erdbewegungsmaschinen eingesetzt werden muss, um vernünftige Aussagen treffen zu können. Wonach fragen Sie? Gehen Sie die ganze Wertschöpfungskette dieser Hersteller durch und überlegen Sie sich, wo Sie Ansatzpunkte für Spitzenleistungen finden könnten: von der Entwicklung eines Neugeräts bis zum Kundendienst und zur Ersatzteilversorgung.

Produkte:
▸ Welche Leistungsklassen von Pumpen werden überwiegend eingesetzt? Welche Mengengerüste stehen dahinter?
▸ Welche technischen Entwicklungen zeichnen sich ab in Bezug auf die Anforderungen in den Leistungsklassen (höhere Drücke, kleinere Bauweise, Gewicht etc.)?
▸ Welche Anforderungen bestehen hinsichtlich Lebensdauer und Zuverlässigkeit - messbar?

► Welche CAD-Systeme und Komponentendatenbanken werden eingesetzt?

► Wie werden die Komponenten ausgelegt/dimensioniert?

Preis:

► Wie hoch ist der aktuelle Preisabstand zwischen Ihren Pumpen und den vergleichbaren Pumpen Ihrer Wettbewerber?

► Lässt sich ein »Break-Point« ermitteln, ab dem der Hersteller zu einem Lieferantenwechsel bereit ist?

Disposition und Produktion:

► Welche Versorgungssicherheit erwartet der Hersteller? Bringt eine Konsignationslager-Abwicklung Wettbewerbsvorteile? Produktion vor Ort als Alternative?

► Können komplette Baugruppen vormontiert werden, um dem Hersteller montagefähige Einheiten zu liefern?

Zahlungsabwicklung:

► Welche Zahlungsziele erwartet der Hersteller? Gibt es hier Ansatzpunkte zur Wettbewerbsdifferenzierung?

Kundendienst und Ersatzteilversorgung:

► Welcher Service wird konkret erwartet? 12 h oder 24 h?

► Welche Preisflexibilität besteht bei Ersatzteilen?

Fragen über Fragen - auf die ganz konkrete Antworten gesucht werden müssen. Klar ist, dass angesichts der Größe dieser Kundenunternehmen nicht ein Interview pro Hersteller genügt, um richtige Antworten zu bekommen. Vielmehr müssen mehrere Befragungen erfolgen.

Weil wir die Preisführerschaft anstreben, muss eine Analyse hinzukommen, die Aufschluss über die verfügbaren Kapazitäten im Markt und die abschätzbaren Stückkosten (zu Vollkosten gerechnet) geben muss, mit denen jeder einzelne Anbieter auf diesem Markt operiert.

Hierbei geht es darum, in welchem Maße die Stückkosten gesenkt werden müssen, um definitiv Preisführer werden zu können. Die Analyse wird die »Industrie-Kostenkurve« genannt und gibt auf einem Blatt alle wesentlichen Informationen wieder, die zur Beurteilung der Lage erforderlich sind.

Sie erkennen: Es geht in diesem zweiten Schritt der »Strategie« exakt darum, herauszufinden, wo es Felder gibt, in denen Sie sich nachhaltig von Ihren Wettbewerbern ausdifferenzieren können! Verdrängen können Sie in stagnierenden, übersetzten Märkten niemanden mehr durch gute Beziehungen oder weil Ihre Verkäufer nette Leute sind! Sie können nur verdrängen, wenn Sie Kunden etwas bieten, was ihnen andere nicht bieten! Vorausgesetzt, dass der Kunde das, was Sie bieten, als relevant einschätzt: Top-Preise oder Top-Leistungen!

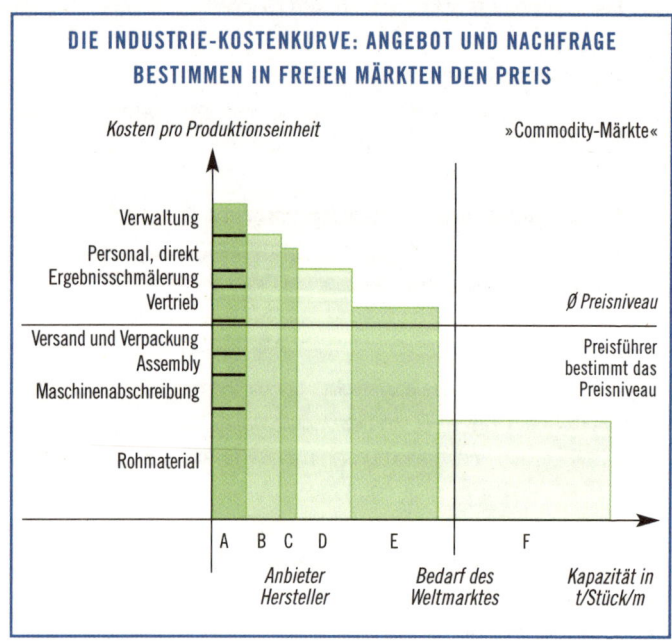

82

Klingt vernünftig! Haben wir so noch nicht darüber nachgedacht. Aber eigentlich kann es in übersetzten Märkten gar nicht anders sein, als dass ich etwas bieten muss, was andere gar nicht bieten können! Ist das also dann der Weg zu dieser »Spitzenleistung«?

Aha, jetzt kapiere ich auch, warum die Vision nicht breit angelegt werden sollte - zumindest für die nächsten Jahre. Weil wir unmöglich auf allen Gebieten, auf denen wir tätig sind, diese Top-Leistungen bringen können ... So langsam wird mir der Zusammenhang klarer. Aha, aha!

Das reicht für heute. Morgen erstellen wir unseren Fragenkatalog und sehen dann mal, welche Differenzierungsfelder bei Ihnen bestehen. Gut!

Ja, das Ganze wird schon ein bisschen klarer. Aber gestern Abend habe ich noch kurz mit unserem Finanzvorstand gesprochen. Der findet das ja auch alles ganz gut, aber in der jetzigen Situation sieben Führungskräfte um die Welt »jetten« zu lassen, um Interviews zu führen - was sagt denn da die Belegschaft? Jetzt, wo wir gerade angekündigt haben, dass wir dieses Jahr das Weihnachtsgeld streichen müssen! Das ist doch das völlig falsche Signal in dieser Zeit!

Können wir denn das Ganze nicht auf zwei bis drei große Kunden reduzieren und dann vielleicht den Rest am Telefon machen? Oder wir schalten unseren Vertreter in Singapur ein. Der könnte doch auch...

Stop! Full Stop! Wollen Sie Unternehmer eines Top-Unternehmens werden oder nicht? Das ist die einzige Frage. Wenn Sie schon bei dieser kleinen Schwierigkeit einknicken - dann vergessen Sie das Ganze. Legen Sie das Buch beiseite und kümmern Sie sich um Ihr Tagesgeschäft - solange Sie es noch dürfen! Wenn Sie es nicht schaffen, der Belegschaft den Sinn der strategischen Neuausrichtung zu erläutern und dass dafür gewisse Vorleistungen zu erbringen sind, haben Sie offenbar die Seiten davor zu schnell gelesen. Dann sollten Sie noch einmal mit der »Warum-überhaupt-Frage« beginnen.

Wenn Sie es hingegen ernst meinen, dann steht Ihr Fragenkatalog für die gesamte Wertschöpfungskette Ihrer Kunden bald. Und die Termine mit Schlüsselpersonen bei Ihren potenziellen Kunden weltweit stehen auch. Sogar die Flugtickets sind schon gebucht und die Dolmetscher gebrieft. Super, alles Bestens! Viel Erfolg für die Gespräche! Übrigens haben auch Hausfrauen, Restaurantbesucher, Bauherren oder Heimwerker eine »Wertschöpfungskette« - falls Sie denken sollten, dass die Methode nur für industrielle Güter gilt.

Eine Woche später: Rückkehr der »Interviewteams« aus Kanada, USA, Korea, China, Australien, Polen, England und Frankreich. Wie war's? Was haben die gesagt? Große Spannung! Jetzt bloß keine Hektik! Kühler Kopf zur Analyse ist angesagt. Punkt für Punkt des Fragebogens ist auszuwerten. Alle Antworten sind genau zu betrachten, um einzelne Facetten zu erfassen. Und zu jedem Punkt ist eine »Summary« zu schreiben. Ein, zwei Tage im Team und die Hauptbotschaften stehen! Also, was haben wir gelernt?

- ► Es gibt einen ziemlich einheitlichen Entwicklungstrend zu größeren Geräten mit deutlich höherer Leistung (insbesondere Staudammbau, künstliche Inseln, Flughäfen).
- ► Branchen-Konzentration! Nur zehn Hersteller werden überleben.
- ► Komponentenvereinheitlichung: Reduktion der Typenvielfalt.
- ► Aktuell rund 15 % Preisnachteil gegen Hauptwettbewerber.
- ► Nähe zum Hersteller sowohl mit Entwicklung als auch Produktion ist das entscheidende Kriterium!
- ► Unsere Komponenten fehlen in CAD-Komponenten-Katalogen.
- ► Ersatzteile müssen in 24 h an jedem Ort der Welt sein (heute bei uns: 72 bis 96 h).

Eine ganze Menge - nicht wahr? Jetzt wird klar, warum wir in Korea keinen Fuß auf den Boden gebracht haben, obwohl das Land inzwischen 20 % des Weltmarktes ausmacht. Und warum uns die Amerikaner immer wieder angedroht haben, uns ganz auszulisten und warum unsere Umsätze mit den Italienern rückläufig sind. Deshalb, weil deren Anteil am Weltmarkt rasant fällt, wir also auf dem falschen Pferd sitzen. Erkenntnisse über Erkenntnisse! Ohne strukturiert geführte Interviews nie und nimmer zu erfahren - das hat auch der Finanzvorstand verstanden (auch wenn er es noch nicht zugeben kann!). Damit haben wir doch eine ganze Menge, um mit der Formulierung der Strategien zu beginnen:

- ► Wir kennen die Produktleistungsklassen, die im Trend liegen.
- ► Wir wissen, dass wir die Preise um 25 bis 30 % senken müssen, wenn wir andere verdrängen wollen.
- ► Wir wissen vielleicht auch schon, welche konkreten Wettbewerber wir wo angreifen müssen.
- ► Wir wissen, dass wir bei den zehn Herstellern, die überleben werden, ganz in deren Nähe rücken müssen.
- ► Wir wissen, dass wir sehr eng mit CAD-Katalog-Dienstleistern zusammenarbeiten müssen.

Und wir wissen, dass wir in der Ersatzteilversorgung sehr viel schneller werden müssen. Dort wird es schwieriger, noch schneller als der Wettbewerb zu sein, aber wir dürfen zumindst keinen Nachteil haben!

Also, doch schon eine ganze Menge zukunftsträchtiger Stoff. Und einigen in Ihrem Team wird so langsam klar, was der Spruch soll: »Wissen ist Macht«. Weil Sie jetzt wohl mehr wissen als Ihr Wettbewerber, werden Sie früher oder später auch die Führungsmacht übernehmen in diesem Spiel - aber davor haben wir noch einige Hürden zu nehmen!

Sie finden es nicht gut, hier von »Macht« zu reden? Dann gehören Sie zu den Träumern, die an einen freundlichen Wettbewerb glauben? Hyperwettbewerb heißt Dauerkampf - jeder gegen jeden: Volkswirtschaften, Wettbewerber, Industrie gegen Handel - nur sprechen wir viel vornehmer darüber. Dieser Kampf der Unternehmen und Unternehmer findet jeden Tag statt. Darauf sollten wir uns mental einstellen. Sonst sind wir vielleicht morgen, spätestens übermorgen, bitter enttäuscht!

Zurück zur Strategie: Wir haben unsere Erkenntnisse bislang sehr allgemein formuliert. Doch ich habe an vielen Beispielen erlebt, dass es sehr hilfreich ist, diese Strategien so herunterzubrechen, dass sie zu ganz konkreten Handlungsanweisungen werden, an denen gerade auch Entscheidungen im Tagesgeschäft immer wieder orientiert werden können und müssen - sonst bleiben Strategien Wunschdenken.

Bevor wir aber dazu kommen, noch eine wichtige Bemerkung, die Sie bei der Lektüre dieses Buches sicher schon länger beschäftigt: Wenn wir das alles machen wollen, um wirklich »top« zu sein bei Erdbewegungsmaschinen, dann wird das gewaltige Investitionen bedingen. Wir werden massiv umsteuern müssen. Können wir uns das denn leisten?

Das ist neben Ihrer persönlichen Entscheidung als Unternehmer (»ja, ich will«) die einschneidenste Erkenntnis im Strategie-Prozess: Die Entscheidung »dafür« - in unserem fiktiven Beispiel für Hydraulik-Pumpen für Erdbewegungsmaschinen - heißt im Klartext auch immer »gegen«, etwa gegen Hydraulik-Schläuche für Flugzeuge, Hydraulik-Zylinder für Druckmaschinen oder was auch immer. Es sei denn, Sie haben die Marktposition und die Finanzkraft, auch auf diesen Feldern eine »Spitzenposition« zu erreichen oder zu verteidigen. Dann haben Sie mehrere Geschäftsbereiche und können sich diese auch leisten, weil Sie die vier Schlüsselfragen überall mit einem klaren »Ja« beantworten können.

Aber dann sollten Sie das Buch ja schon gleich beiseite gelegt haben! Die Tatsache, dass Sie mir bis hierher gefolgt sind, zeigt mir: Eine der vier Schlüsselfragen haben Sie wohl doch mit »Nein« beantwortet. Und dann sind Sie gefordert, exakt über die richtige Strategie nachzudenken! Ich weiß, es ist hart, aber ich habe auch nie behauptet, dass die Erlangung von Spitzenleistungen ein Kinderspiel ist!

Um noch ein mögliches Missverständnis auszuräumen: Wenn Sie im Rahmen Ihrer Strategiefindung feststellen, dass Sie sich von bestimmten Geschäftsfeldern trennen müssen, um in einem oder einigen wirklich »top« zu werden, heißt das nicht, dass Sie sich dort Hals über Kopf verabschieden müssen. Es heißt bloß, dass Sie nicht nur eine Einstiegstrategie für die Zielsegmente brauchen, sondern auch eine Exit-Strategie für die Geschäftsbereiche, in denen Sie keine Chance mehr sehen - warum auch immer - echte Spitzenleistungen zu erbringen! Der Exit kann schneller oder langsamer erfolgen. Das hängt von vielen Faktoren ab. Entscheidend ist die Grundsatzentscheidung: Top oder Exit.

Sehr verallgemeinernd sage ich oft in Beratungsprojekten: Strategie beginnt mit Beantwortung der Frage: Was wollen wir nicht mehr tun? Und Sie werden mir beipflichten, dass diese Frage viel schwieriger und viel emotionaler ist als die Frage: Wo und wie wollen wir »top« werden? Da gibt es Herzblut, »My-Baby«-Syndrome, Gesichtsverluste, Eingeständnisse von Niederlagen und die Gefährdung von Freundschaften. Da müssen Sie als Unternehmer durch - auch wenn es richtig weh tut!

Jetzt aber wirklich zurück zur Strategie: In unserem Beispiel könnte es sein, dass es reicht, vier »Strategische Säulen« zu formulieren:

> Wir sind Preisführer bei Hydraulik-Pumpen für Erdbewegungsmaschinen und sichern uns einen Preisvorsprung gegenüber dem Wettbewerb von mindestens 10 %. Wir setzen auf Standard-Komponenten und vermeiden Sonderlösungen wo immer möglich.

> Wir sichern uns Kundennähe und Preisführerschaft durch ein modulares Produktkonzept im Baukastensystem, das mindestens 80 % aller Anwendungen abdecken muss. Wir garantieren für unsere Komponenten eine Lieferfähigkeit über alle Produkte von 97 % in 48 Stunden für jedes Werk unserer Kunden.

> Wir haben ein eigenes Engineering-Büro mit Montage und Produkt-Anpassungseinrichtungen in maximal fünf km Entfernung von den führenden zehn Herstellern für Erdbewegungsmaschinen, gegebenenfalls auch bei deren dezentralen Werken.

> Wir garantieren unseren Kunden eine Ersatzteilversorgung in 24 Stunden an jedem Ort der Welt.

Das ist doch was. Oder? Klar, einprägsam, für jedermann nachvollziehbar - und das hilft im dritten Schritt gewaltig: Es ist sogar messbar!

Am Beispiel eines Elektrowerkzeugherstellers sieht das so aus, dass dort bewusst zehn »Strategische Säulen« aus der Sicht eines auf Leistungsführerschaft ausgerichteten Unternehmens formuliert wurden.

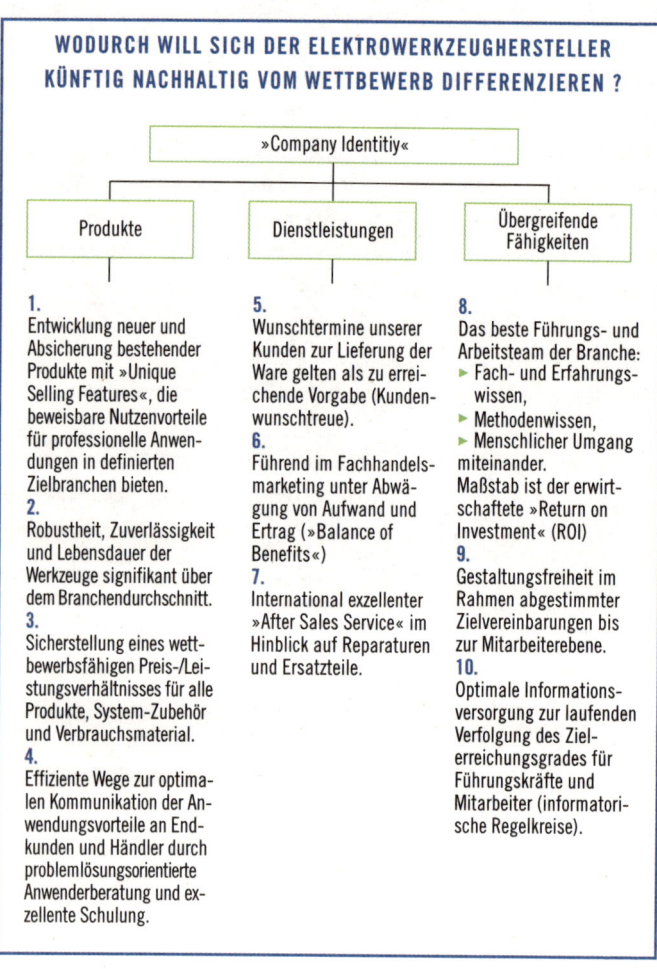

WODURCH WILL SICH DER ELEKTROWERKZEUGHERSTELLER KÜNFTIG NACHHALTIG VOM WETTBEWERB DIFFERENZIEREN ?

»Company Identitiy«

Produkte | Dienstleistungen | Übergreifende Fähigkeiten

1.
Entwicklung neuer und Absicherung bestehender Produkte mit »Unique Selling Features«, die beweisbare Nutzenvorteile für professionelle Anwendungen in definierten Zielbranchen bieten.
2.
Robustheit, Zuverlässigkeit und Lebensdauer der Werkzeuge signifikant über dem Branchendurchschnitt.
3.
Sicherstellung eines wettbewerbsfähigen Preis-/Leistungsverhältnisses für alle Produkte, System-Zubehör und Verbrauchsmaterial.
4.
Effiziente Wege zur optimalen Kommunikation der Anwendungsvorteile an Endkunden und Händler durch problemlösungsorientierte Anwenderberatung und exzellente Schulung.

5.
Wunschtermine unserer Kunden zur Lieferung der Ware gelten als zu erreichende Vorgabe (Kundenwunschtreue).
6.
Führend im Fachhandelsmarketing unter Abwägung von Aufwand und Ertrag (»Balance of Benefits«)
7.
International exzellenter »After Sales Service« im Hinblick auf Reparaturen und Ersatzteile.

8.
Das beste Führungs- und Arbeitsteam der Branche:
► Fach- und Erfahrungswissen,
► Methodenwissen,
► Menschlicher Umgang miteinander.
Maßstab ist der erwirtschaftete »Return on Investment« (ROI)
9.
Gestaltungsfreiheit im Rahmen abgestimmter Zielvereinbarungen bis zur Mitarbeiterebene.
10.
Optimale Informationsversorgung zur laufenden Verfolgung des Zielerreichungsgrades für Führungskräfte und Mitarbeiter (informatorische Regelkreise).

Diese Strategie wird so übrigens - nur in Nuancen angepasst - seit über zwölf Jahren und in Bezug auf die vier Schlüsselfragen mit sehr guten Ergebnissen verfolgt! Das ist Strategie. Alles andere ist opportunistisches Reagieren (böse: Herumeiern) mit der Folge, dass die Orientierung sehr schnell verloren geht. Aber das haben Sie ja inzwischen verstanden. Klasse!

An dieser Stelle noch eine sehr wichtige Ergänzung: Schritt 1 (Die Vision in der Zukunft) und Schritt 2 (Die robuste, belastbare Strategie) sind iterative Prozesse. Wenn sich herausstellen sollte, dass der von Ihnen im ersten Schritt definierte Markt viel zu klein oder völlig unrentabel ist, macht es natürlich keinen Sinn, verkrampft daran festzuhalten.

Dann müssen Sie nochmals mit dem ersten Schritt beginnen und den »Scope« der Definition entweder breiter fassen oder sogar neu aufsetzen. Das kann passieren und ist ärgerlich. Es ist aber viel besser, Sie merken es jetzt, als erst dann, wenn Sie vielleicht schon viel Geld in den falschen Markt investiert haben!

So, seit Sie mit der Lektüre dieses Buches begonnen haben - und vorausgesetzt, Sie sind mir bis hierher mit der Umsetzung in Ihrem Unternehmen aktiv gefolgt - sind jetzt schon einige Wochen vergangen. Und da hat sich schon Einiges bewegt - oder?

Mehr als diese ewigen »Kostensenkungsrunden«, die nur helfen, wieder mal ein Jahr halbwegs unbeschadet zu überstehen, die aber auf der Kundenseite - dort, wo das Geld eingezahlt wird - nichts Nachhaltiges bewegen! Und trotzdem kann das fast zur Sucht werden. Leute rausschmeißen - fast koste es, was es wolle - und Leistungsabbau betreiben, nach dem Motto: Es wird schon gut gehen.

Statt sich wirklich intensiv um seinen Markt und um seine Marktsegmente und dann mit Hingabe um seine Bestands- und Zielkunden zu kümmern. Also genau dort zu beginnen, wo das Geld herkommt -

oder besser herkommen sollte. Nein, das ist ja mühsam. Da muss man ja richtige Entscheidungen treffen: Schließen wir doch lieber eine Abteilung oder ein Werk oder, oder...

Bedauerlich! Aber Sie machen das ja jetzt besser. Und das ist toll. Glückwunsch!

Interessant ist, dass noch fast jedes Gespräch mit Unternehmern, die »sauber« in der Mitte platziert sind, die also überall sind und nirgends so richtig, mit der Hoffnung heischenden Bemerkung beendet wurde: »Sie werden schon sehen, dass die Welt nicht so digital ist, wie Sie das hier predigen«. Damit verschafft man sich Luft und ist den »Dämon« für einige Zeit los. Nur leider hat mir die Entwicklung der letzten Jahre recht gegeben. Viele dieser »Mittelfeldspieler« sitzen heute mit ihrer Resthabe auf den Kanaren oder auf den Balearen.

Ich verstehe ja, dass das Problem lieber verdrängt wird, als sich intensiv mit ihm auseinander zu setzen. Aber es nützt nichts.

Für diese Leute ist es nicht vorstellbar, besser heute auf 20 oder 30, vielleicht sogar auf 40 % des Umsatzes zu verzichten, als morgen auf das ganze Unternehmen. Sie tun sich mit diesem Gedanken so unglaublich schwer, dass sie das Problem lieber verdrängen und hilflos auf das Prinzip Hoffnung setzen. Dabei weiß jeder Hobbygärtner, dass kranke Obstbäume in der Regel nur dadurch gerettet werden können, dass kranke, morsche, angefaulte Äste und Zweige abgeschnitten werden, bis nur noch gesundes Holz verbleibt, das nach der »Operation« an den offenen Stellen durch Bandagen geschützt werden muss. Warum aber soll das bei »morschen Ästen« eines Unternehmens (Geschäftsbereichen, Produktgruppen, Kundengruppen, internationalen Märkten) anders sein? Ist es nicht! Mit den bekannten Folgen.

Ich komme zu dem Schluss, dass es keinen Mangel an Verständnis für die Theorie gibt. Was fehlt, ist der Wille zum Handeln, weil die Umsetzung zahlreiche und zum Teil auch gewichtige Probleme bereitet. Deshalb lässt man alles wie es ist - in der Hoffnung, die Anderen im Markt erwische es schneller als einen selbst! Wir haben kein Erkenntnisdefizit, sondern ein Handlungsdefizit!

3d) METHODISCHER EXKURS

Es ist faszinierend festzustellen, dass sich nahezu alle Geschäfte, die ich bislang kennengelernt habe, in einem dreidimensionalen Quader ausreichend präzise haben beschreiben lassen:

> ► In der einen Achse durch das entsprechende Produkt- oder Dienstleistungsangebot im Sinne echter »Produkte« (eine Versicherung oder ein Girokonto sind in diesem Sinne auch Produkte).
> ► In der zweiten Achse durch Zielkundengruppen, beschrieben durch Industrie-Branchen oder Endkundensegmente.
> ► Hierauf aufbauend in der dritten Achse: die hinter den Zielkundengruppen stehenden Anlässe, Kaufmotive und Anwendungen.

Dieser Visionen-Würfel ist ganz hervorragend dazu geeignet, das eigene Geschäft zu segmentieren und sich darüber klar zu werden, wo gegenwärtig die eigentlichen Stärken liegen. Als vierte Dimension kommt stets die regionale Ausdehnung hinzu, also die Festlegung der Länder und Kontinente, auf denen Sie überhaupt tätig werden wollen.

Gelingt es Ihnen nicht, Ihr Geschäft in diese drei Dimensionen einzuteilen, handelt es sich vermutlich nicht um ein einzelnes Geschäft, sondern um mehrere Geschäfte bzw. Geschäftsfelder, die durch mehrere Einzelwürfel zu beschreiben sind. Hierauf ist zu achten, wenn Sie Ihr Geschäft nicht im ersten Anlauf wie gewünscht segmentieren können.

Ist Ihr Geschäft in erster Linie durch Produktentwicklungen über sehr viele Zielgruppen hinweg getrieben oder sind Sie eher der Spezialist, der in einzelnen Anwendungssegmenten/Anlässen ganz spezifische Stärken hat oder sind Sie der Anbieter, der für eine Zielkundengruppe ein möglichst vollständiges Leistungspaket hat? Die Aussagen sollen anhand einiger Beispiele erläutert werden.

Elektrowerkzeuge: Produktklassen ▸ Bohrer, Winkelschleifer, Bandschleifer usw. • Branchen ▸ Industrie, Handwerk, »Do it yourself« • Anwendungen ▸ Sägen oder Schleifen von Holz, Metall, Kunststoff, Stein, Faserwerkstoffe

Versicherungen: Produktklassen ▸ Leben-, Sach-, Feuer-, Renten-, Haftpflichtversicherungen • Branchen ▸ Selbständige, Industrie, Handel, Privatpersonen, Handwerker • Anlässe ▸ Risikoabsicherung, Altersvorsorge, Vermögensbildung, Asset-Management, Finanzierung

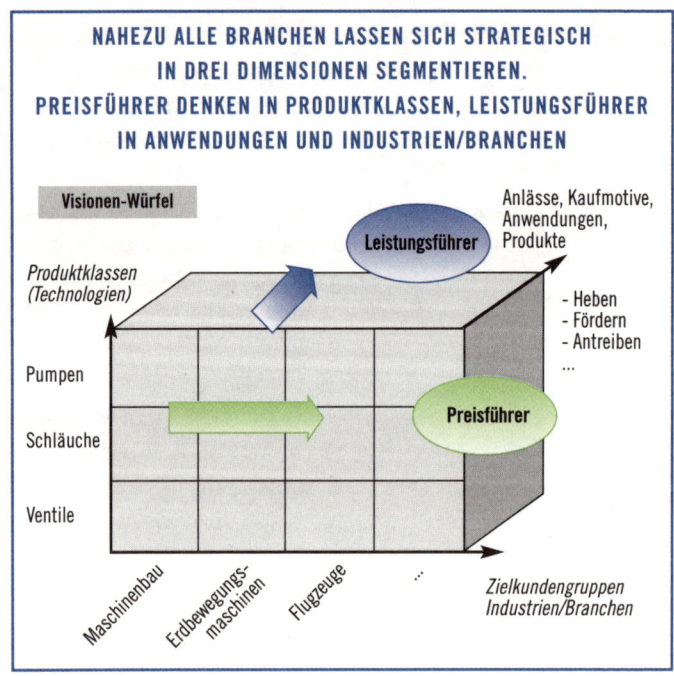

NAHEZU ALLE BRANCHEN LASSEN SICH STRATEGISCH IN DREI DIMENSIONEN SEGMENTIEREN. PREISFÜHRER DENKEN IN PRODUKTKLASSEN, LEISTUNGSFÜHRER IN ANWENDUNGEN UND INDUSTRIEN/BRANCHEN

Kunststoff-Folien: Produktklassen ▸ Polypropylen-, Polystyrol-, ABS, Polyäthylen-Halbzeuge • Branchen ▸ Druck-, Lebensmittel-, Möbelindustrie, Medizintechnik • Produkte ▸ Klebebänder, Beschichtungen, Leisten, Abdeckungen, Verpackungen

In wettbewerbsintensiven Märkten ist es interessant, festzustellen, dass Preisführer in aller Regel produktgetrieben aufgestellt sind, denn sonst könnten sie die Stückzahlen nicht schaffen, die sie benötigen, um entsprechende Kostendegressionen zu erreichen. Die Kostenvorteile erlangen diese Unternehmen aber nur, weil sie sich wirklich auf die großen Mengensegmente konzentrieren, während sie Sonderlösungen und Spezialprodukte etc. erst gar nicht ins Programm aufnehmen.

Demgegenüber sind die Leistungsführer eindeutig als anwendungsgetrieben zu beschreiben, die Nischen besetzen. Aus dem Preiskampf um Mengensegmente müssen sich diese Betriebe ohnehin heraushalten, da ihre Kostenstrukturen für diese Geschäfte ungeeignet sind. Ihre Domäne ist die Problemlösung, die Spezialität, die aus der Anwendung kommt. Als eher erfolglos können alle Unternehmen eingestuft werden, die keiner der beiden großen strategischen Stoßrichtungen folgen, sondern überall zu finden sind, aber ohne fundamentale Verankerung.

Aus den drei Hauptdimensionen der strategischen Positionierung lassen sich weitere Differenzierungsmöglichkeiten ableiten. Hierzu hat sich die Methodik der Morphologie besonders bewährt.

Legen Sie nun Ihr eigenes Visionen-Schachbrett an! Denken Sie gründlich darüber nach, durch welche Merkmale sich Ihr Geschäft aus Kundensicht beschreiben lässt! Beziehen Sie bewusst ein, was Ihr Wettbewerb heute anders macht als Sie. Mit bis zu zehn Merkmalen lässt sich auch das komplexeste Geschäft beschreiben. Jetzt fügen Sie die Ihnen bekannten Ausprägungen hinzu und hinterlegen Sie mit Farbe, wie Sie heute aufgestellt sind. Nachstehend das Beispiel eines Farbpigment-Herstellers und dessen Optionen auf dem Visionen-Schachbrett.

Visionenschachbrett

ZUSAMMENFASSUNG DER GEWÄHLTEN GESCHÄFTSPOPTIONEN

Merkmale \ Ausprägung	1	2	3	4	5
Produktdifferenzierung	Prozeßchemikalien - Bau - Bremsbeläge	Lackfarbenchemikalien	Gesamtprogramm	Druckfarbenchemikalien	Sinterwerkstoffe
Servicedifferenzierung	Lieferservice (24h)	Beratung	Techn. Problemlösung		
Anwendungsdifferenzierung der Kunden	Händler/Großhändler	Baustoffindustrie	Druckerei/Grafik	Metallverarbeitende Industrie	Keine Kundengruppendifferenzierung
Größendifferenzierung der Kunden	Großhandel	Mittelgroße Kunden	Kleine Kunden	Sämtliche Kunden, größenunabhängig	
Form des Vertriebsweges	1-stufige Distribution	Zwischenhändler	Einige Verkaufsstellen mit Beratungsservice	Ohne Differenzierung	
Regionale Differenzierung des Vertriebs	Deutschland	Gesamteuropa	Weltweit		
Breitendifferenzierung des Angebots	Commodity	Einzel-/Sonder-Abprüfung	Spezialitäten	Gemischtwarenladen	

Ist-Strukturen

Auf wie vielen Feldern sind Sie heute tätig? Gibt es klare Unterschiede zu Ihren Hauptwettbewerbern? Reichen diese aus, damit Ihre Kunden eine Alleinstellung feststellen können? Auf wie vielen Feldern können Sie sich diese Alleinstellung finanziell und ressourcenbezogen leisten?

Wir kommen jetzt zu einigen klassischen Fragen, auf die Sie an dieser Stelle Antworten suchen und finden müssen - und zwar für jedes von Ihnen bearbeitete Segment. Eine ganze Menge Arbeit - je komplexer Ihr Geschäft, umso aufwendiger.

3e) SCHRITT 3: »OPERATIONS« UND ORGANISATIONSSTRUKTUREN

Nach den ersten beiden Schritten wissen wir, wo wir hin wollen und auch, mit welchen strategischen Stoßrichtungen wir uns diesen Weg ebnen wollen. Damit ist schon sehr viel geschafft.

Glauben Sie mir, weniger als die Hälfte aller Beratungsprojekte kommt überhaupt nur bis zu diesem Punkt. Entscheidungsschwäche, Richtungskämpfe, Animositäten, Eifersüchteleien und Partikularinteressen führen dazu, das Thema zu zerreden und »ins Kiesbett« zu schieben!

VERTIEFENDE ANALYSEN ZUR BESTIMMUNG DER EIGENEN STRATEGISCHEN AUSGANGSPOSITION

a) Qualitativ
- ► Wo sind Alleinstellungsmerkmale bei wesentlichen Produkten/ Dienstleistungen?
- ► Wo liegen die Vor-/Nachteile der Hauptwettbewerber?
- ► Wie sieht die aktuelle Wertschöpfungskette konkret aus?
- ► Durch welche »Key-Buying-Factors« lassen sich die wesentlichen Kunden/Kundensegmente im Einzelnen beschreiben?

b) Quantitativ
- ► in bestimmten Distributionskanälen
- ► Produkt-Strukturen (ABC-Analyse)
- ► Kunden-Strukturen (ABC-Analyse)

Der XXX-Markt ist insgesamt als überaus attraktiv einzustufen.
An dieser Einschätzung dürfte sich kurz- bis mittelfristig auch wenig ändern.

UMFELDATTRAKTIVITÄT XXX-MARKT

	Bewertung	
minus	◄——————►	plus
	1 2 3 4 5 6 7 8 9	► Faktenlage ► *Interpretation*
► Marktgröße		► ca. 8 Mrd. Euro weltweit
► Marktwachstum		► Ø 10-12 % p.a.
► Marktrentabilität		► 10 % ROS
► Innovationspotenzial der Branche		► Produktlebenszyklen > 10 Jahre ► *Hohe Innovationschancen*

► Wettbewerbsintensität		► 10 große/mittlere Anbieter
		  ► *Relativ geringe Konzentration.*
		  Gefahr durch XYZ

► Konjunkturempfindlichkeit		► Korrelation relativ hoch
► Technologische Substitutionsempfindlichkeit		► Latent durch Elektromechanik
► Kundentreue		► Hohe »Switching-Cost«
► Risiko von Seiten der Gesetzgebung/ Umweltbewusstsein		► *Vorschriften über Abluft-* *fassung/Ölfreie Luft*
Gesamtbeurteilung der Marktattraktivität		

96

Aber nicht bei uns. Wir sind noch voll dabei. Unser Vorstand/die Geschäftsführer und der Aufsichtsrat haben ihre Linie gefunden und gemeinsam verabschiedet. Prima! Jetzt geht es darum, den unternehmerischen Willen im Betrieb um- und durchzusetzen. Die zweite, dritte und vierte Ebene ahnt zwar etwas, weiß aber noch nichts von alledem.

Also heißt es, klar und sauber zu kommunizieren. Am besten durch die gesamte Führung. Sonst finden irgendwelche »Saboteure« spitzfindig Differenzen in den Aussagen einzelner Vorstände - und schon ist die Gefahr wieder groß, das Ganze zu zerreden. Geben Sie den Diskussionen über das »Wie« und »Was jetzt zu tun ist« breiten Raum. Stellen Sie aber Ihre Entscheidungen nicht mehr zur Diskussion. Dazu haben sich die Spitzengremien des Unternehmens den Kopf zerbrochen und lange debattiert. Herrscht Beschlusslage, ist die Diskussion beendet!

Strategie-Festlegungen sind kein demokratischer Prozess, an dem jeder mitwirken und bei dem jeder mitentscheiden kann. Es ist Aufgabe und auch Verpflichtung der Spitzengremien des Unternehmens, diese Festlegungen sorgfältig vorzubereiten und abschließend zu behandeln. Die Umsetzung liegt bei den Mitarbeitern und da ist es nur zu verständlich, dass versucht wird, das Ganze nochmals »aufzuschnüren«, statt sich an die harte Arbeit der Umsetzung zu machen. Lassen Sie sich nicht von Ihrem Weg abbringen, auch wenn der Versuch gewiss nicht nur ein Mal unternommen wird.

Damit zurück zur eigentlichen Aufgabe im dritten Schritt: Aufbau funktionierender »Operations«. Was heißt das? Nichts anderes, als dafür zu sorgen, dass die strategischen Säulen, die Sie für Ihr Unternehmen definiert haben, in operative Wertschöpfungsprozesse umgesetzt werden müssen. Sonst bleibt jede Strategie reines Wunschdenken.

Konkret am Beispiel unserer Hydraulik-Pumpen: Als eine Hauptsäule der Strategie im Verdrängungswettbewerb wollen Sie deutlich günstiger sein als Ihre Hauptwettbewerber. Was heißt das in der Praxis?

BEISPIEL ZUR SELBSTDIAGNOSE DER EIGENEN AUSGANGSPOSITION

Die Marktposition im europäischen XXX-Markt hat ein stabiles Fundament,
das derzeit durch zahlreiche Faktoren beeinträchtigt wird:

WETTBEWERBSVORTEILE UND ERFOLGSKRITERIEN

Konkurrenz ist wesentlich überlegen; sehr ungünstige Position in Bezug auf Erfolgskriterien	Bewertung ◄ minus — plus ► 1 2 3 4 5 6 7 8 9	Sehr große Vorteile gegenüber Konkurrenz; sehr günstige Position in Bezug auf Erfolgskriterien
		► Faktenlage ► Interpretation
► Relativer Marktanteil		► Marktführer ► Sehr differenziertes Erscheinungsbild in den einzelnen Ländern Europas
► Investitionsintensität		► 70 bis 80 Mio. Euro pro Jahr ► In Europa »an der Spitze« (rund 7 % vom Umsatz)
► Wertschöpfung		► Rationalisierungspotenzial nicht ausgeschöpft
► Kundenservice		► »Offene Flanke« ► Kurzfristige Verbesserung von Liefertreue und Lieferflexibilität dringend erforderlich.
► Kostenstruktur/Kostenvorteile		► Wesentliche Schwäche ► Verdeckter Luxus und teure »Experimente« ► Diverse Schwachpunkte
► Technische Kompetenz und Qualität		► Anerkannte techn. Kompetenz ► Produkt-Kompetenz entscheidend
► Marketing und Vertriebs-Know-how		► Sehr breiter Marktapproach ► Sehr differenziertes Bild nach Groß- und Kleinanwendern. Positiv: Katalog, Kundendienst, Schulungsbereich
► Finanzkraft		► Kreditspielraum begrenzt ► Wettbewerber überwiegend Kapitalgesellschaften
► Standort und Distribution ► Qualität des Managements ► Qualität der Führungssysteme		► Breites Distributionsnetz ► Weltweiter Service ► Entscheidungen werden nicht konsequent umgesetzt ► Fehlende Kostentransparenz
Gesamtbeurteilung der Wettbewerbsvorteile und Erfolgskriterien		

Dass Sie alle denkbaren Kostenbestandteile solcher Hydraulik-Pumpen im Detail darstellen und analysieren müssen. Material, Teile, Werkstoffe, Toleranzen, Qualitäten insgesamt, Fertigungsprozess, Lagerstufen usw. Alles, was direkten oder indirekten Einfluss auf die Kosten dieser Produkte hat - »Overhead« inklusive!

Selbstverständlich untersuchen Sie auch die Pumpen Ihrer Hauptwettbewerber. Vielleicht haben Sie sogar die Chance, deren Fertigung kennenzulernen. Keiner weiß ab sofort mehr über die Herstellkosten von Hydraulik-Pumpen dieser oder jener Kategorie als Ihre Spezialisten! Dasselbe gilt für den »After Sales«-Bereich. 24-h-Service ist schnell hingeschrieben. Aber was kommt da auf Sie zu, wenn Sie diesen Service in Alaska, in Feuerland oder irgendwo in Russland einhalten wollen? Da sind logistische Spitzenleistungen gefordert, mit sauber strukturierten Prozessen von der Auftragsannahme bis zur Ablieferung des Teils am defekten Fahrzeug! Da ist nichts mehr dem Zufall überlassen. Das muss laufen wie das Uhrwerk einer »Grand Répétition«!

In beiden Beispielen geht es darum, die Prozesskette genau zu analysieren und zu beschreiben, die erforderlich ist, um in Ihrem Unternehmen die festgelegten strategischen Ziele zu erreichen. Mehr ist es aber auch nicht. Bei dieser Aufgabe ist es sehr hilfreich, sich bewusst nicht an den Prozessen zu orientieren, die gegenwärtig bereits im Unternehmen etabliert sind, sondern mit einem weißen Blatt Papier zu beginnen und den ganzen Komplex schrittweise von Hauptaufgaben auf Einzelaufgaben herunterzubrechen. Dabei lassen sich Routineaufgaben und temporäre Aufgaben unterscheiden. Künftig reicht es dann aus, wenn Sie die Wettbewerbsprodukte alle zwei bis drei Jahre analysieren und »benchmarken«.

Die Optimierung der Einkaufspreise ist hingegen eine Daueraufgabe und muss permanent verfolgt werden, genauso wie die Kostenoptimierung in der eigenen Fertigung. Demgegenüber sind Standortfragen für die Fertigung wiederum nur in gewissen Zeitabständen notwendig.

Nehmen Sie sich Zeit für diese Prozessanalysen und durchdenken Sie diese sehr gründlich. Es dürfen keine wesentlichen Elemente fehlen - und es darf nichts Überflüssiges dabei sein!

Nachstehend ein Beispiel für die Entwicklung einer solchen Prozesskette am Beispiel unseres Hydraulik-Herstellers.

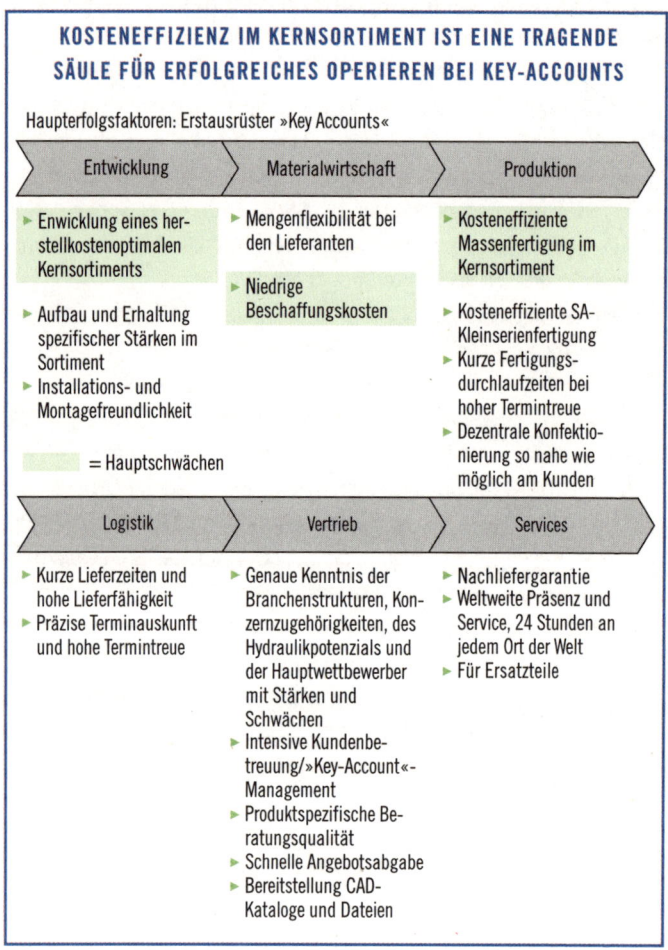

KOSTENEFFIZIENZ IM KERNSORTIMENT IST EINE TRAGENDE SÄULE FÜR ERFOLGREICHES OPERIEREN BEI KEY-ACCOUNTS

Haupterfolgsfaktoren: Erstausrüster »Key Accounts«

Entwicklung	Materialwirtschaft	Produktion
▶ Enwicklung eines herstellkostenoptimalen Kernsortiments	▶ Mengenflexibilität bei den Lieferanten	▶ Kosteneffiziente Massenfertigung im Kernsortiment
▶ Aufbau und Erhaltung spezifischer Stärken im Sortiment	▶ Niedrige Beschaffungskosten	▶ Kosteneffiziente SA-Kleinserienfertigung
▶ Installations- und Montagefreundlichkeit		▶ Kurze Fertigungsdurchlaufzeiten bei hoher Termintreue
= Hauptschwächen		▶ Dezentrale Konfektionierung so nahe wie möglich am Kunden

Logistik	Vertrieb	Services
▶ Kurze Lieferzeiten und hohe Lieferfähigkeit	▶ Genaue Kenntnis der Branchenstrukturen, Konzernzugehörigkeiten, des Hydraulikpotenzials und der Hauptwettbewerber mit Stärken und Schwächen	▶ Nachliefergarantie
▶ Präzise Terminauskunft und hohe Termintreue	▶ Intensive Kundenbetreuung/»Key-Account«-Management	▶ Weltweite Präsenz und Service, 24 Stunden an jedem Ort der Welt
	▶ Produktspezifische Beratungsqualität	▶ Für Ersatzteile
	▶ Schnelle Angebotsabgabe	
	▶ Bereitstellung CAD-Kataloge und Dateien	

So, das war der analytische Teil. Bitte beschreiben Sie diese Prozesse zwingend für alle strategischen Säulen pro Geschäftsfeld, die Sie definiert haben, sonst wird die Implementierung Ihrer Strategie, d. h. Ihrer Differenzierungsleistungen zum Wettbewerb nicht funktionieren.

Jetzt wird es wieder »emotional«! Denn mit den strategischen Säulen und der Beschreibung der sie fundierenden Prozesse haben Sie die Basis für die Festlegung Ihrer künftigen Organisationsstruktur geschaffen. Ihre Strategie wird nämlich nur dann Wirkung zeigen, wenn sich Ihre Führungskräfte an der Umsetzung der Strategie-Säulen messen lassen müssen. Ob mehrere verantwortlich sind oder keiner, läuft auf dasselbe Ergebnis hinaus. Es wird sich nichts bewegen! Wieder so eine bittere Erkenntnis. Aber es ist so: Wie ein Hauptsatz der Physik!

Wenn Sie wirklich etwas bewegen wollen, schneidern Sie die Strukturorganisation so, dass Sie einer Führungskraft die Verantwortung für die Entwicklung einer Strategie-Säule übertragen können! Denn Sie müssen dieser Führungskraft auch die Entscheidungsmacht übertragen, um den Prozess so zu gestalten, wie er für die Entwicklung der strategischen Säule optimal ist. »Responsibility«, »Authority« und »Accountability« müssen immer in einer Hand sein, sonst ist es unfair den Leuten gegenüber, die wissentlich verschlissen werden, da sie die erwartete Leistung nicht bringen können, weil sie die Einflussmöglichkeiten gar nicht haben. Wer die Verantwortung für einen Prozess und die damit zusammenhängende Aufgabe übernimmt, hat Anspruch darauf, entscheiden zu dürfen, mit welchen Mitarbeitern er sich zutraut, diese Aufgabe zu meistern und mit wem nicht! Und welche Gehälter er dafür einsetzen will, welche IT-Systeme er braucht, welche Lieferanten etc.

Sonst kann er seiner Verantwortung nicht gerecht werden und wird sich sofort in eine Ausredenkultur hineinbegeben, die viel mit Politik, letztlich aber nichts mehr mit Leistung zu tun hat - in etlichen Konzernen freilich zu steilen Karrieren führen kann, für die jedenfalls, die Ausreden überzeugender vortragen als erzielte Resultate.

Auch so eine Krankheit in unseren Unternehmen! Warum tun sich Unternehmer so furchtbar schwer, nur dieser einen Regel zu folgen: Verantwortlichkeit, Messbarkeit und Entscheidungsmacht müssen absolut korrespondieren, dann

- ► können Sie die Leistungsfähigkeit Ihres Managements messen;
- ► können Sie wirklich delegieren, weil Sie nicht dauernd Schiedsrichter spielen müssen;
- ► können wirkliche Leistungsfortschritte erzielt werden, die sonst in den Grabenkriegen zwischen Fachbereichen zerredet und verplempert werden!

Aber - ich weiß - es ist nicht leicht, dem Herrn Schmidt, der jetzt schon 30 Jahre in der Firma ist und nur noch fünf Jahre vor sich hat, zu erklären, dass er künftig nicht mehr seinen angestammten Platz hat, weil die Prozesse neu strukturiert werden müssen! Nein, da nimmt man lieber den Verlust von Marktanteilen in Kauf, tägliche Reklamationen von verärgerten Kunden und Demotivation bei den Mitarbeitern, weil sich der Unternehmer nicht traut, Herrn Schmidt zu sagen: So machen wir das jetzt. Für Sie haben wir eine neue Aufgabe und die sieht so und so aus!

Was denken Sie? Bei Ihnen gibt es den Herrn Schmidt auch? Ach was! Ich tröste Sie: Die Firmen, die keinen Herrn Schmidt kennen, sind die absoluten Ausnahmen. Hart, aber so ist es. Da führt kein Weg daran vorbei. Während meiner Zeit bei einer der großen amerikanischen Beratungsgesellschaften habe ich es nur bei Sanierungen geschafft, das »Herr-Schmidt-Syndrom« zu überwinden! Loyalität altgedienten Mitarbeitern gegenüber ist eine wichtige Sache - keine Frage. Aber wenn diese höher steht als die Wettbewerbsfähigkeit, stimmt etwas nicht. Dann hat das etwas mit Führungsstärke oder mit Führungsschwäche zu tun. Und damit sind wir wieder bei Ihnen - dem Unternehmer.

Das war vielleicht ein bisschen viel jetzt auf einmal. Tief durchatmen. Aber das schaffen wir schon auf unserem Weg zur Spitzenleistung!

Also wiederholen wir kurz: Wir wissen in unserem Beispiel inzwischen, welchen Markt wir bedienen wollen, dass wir die Preis- und damit die Kostenführerschaft angehen, und dass wir im Wesentlichen auf vier strategischen Säulen aufbauend eine saubere Prozesskette beschreiben müssen, hinterlegt mit Einzelaufgaben. Jetzt sind wir bei der Frage der Organisation angelangt, weil pro Prozesskette jeweils ein Verantwortlicher festgelegt werden muss, der auch alle Kompetenzen hat, die er benötigt, um seiner Aufgabe gerecht werden zu können. Dieser Verantwortliche ist in der Regel Mitglied der Geschäftsleitung, zumindest der erweiterten Geschäftsleitung.

Benennen Sie ruhig die Funktion dieses Verantwortlichen nach der Aufgabe, die er zu erledigen hat! Da kommen dann solche Begriffe heraus wie »Produkt-Optimierungs-Management« oder »Order Fulfilment«, »Kundenzufriedenheits-Management« habe ich auch schon gesehen. Das hat nichts mit den geläufigen, rein funktionalen Begriffen wie Einkauf, Produktion, Marketing usw. zu tun. Aber diese Kunstworte beschreiben eben nur eine Funktion, nicht zwingend die aus der Strategie erwachsende Aufgabe, den Prozess also. Und die Aufgabe ist - um beim Beispiel zu bleiben - nun mal, die Produkte laufend in preislicher und qualitativer Hinsicht zu optimieren. Also nennen wir das »Produkt-Optimierungs-Management«. Soviel Freiheit muss sein.

Was verbirgt sich konkret dahinter? Es ist in erster Linie der Einkauf, die Wertoptimierung, die Arbeitsplanung innerhalb der Arbeitsvorbereitung in den eigenen Werken und die Qualitätssicherung. Also in diesem Fall vier Aufgaben, die oft isoliert als Bereiche geführt werden, verteilt auf zwei oder drei Vorstandsressorts, verbunden mit allen Abstimmungs- und Koordinationsproblemen, die Betriebe lähmen und ihre Dynamik zum Erliegen bringen. Durch die Zusammenfassung bekommt das Ganze eine klare Ausrichtung und klare Verantwortlichkeit.

Natürlich ist der Produktionsleiter nicht glücklich, dass ihm ein anderer in sein Werk hineinpfuscht, in die traditionell bei ihm angesiedelte Arbeitsvorbereitung. Wie aber soll einer die Herstellkosten verantworten, wenn ein anderer autonom über 20 oder 30 % der Kosten bestimmt? Also ist das die logische Konsequenz, wenn Sie etwas bewegen wollen!

Der Werksleiter könnte vielleicht auch noch die Logistik übernehmen, um die geforderte Lieferfähigkeit weltweit sicherzustellen. Er hat alle Hände voll zu tun, die Flexibilität seiner Wertschöpfungskette zu optimieren, um die strategische Säule »Lieferfähigkeit« zu einem Wettbewerbsvorteil für das Unternehmen auszubauen. Es wäre jedoch völlig illusorisch zu glauben, er könne sich mit derselben Intensität um Kosten und Lieferfähigkeit kümmern. Eines der beiden Ziele würde in den allermeisten Fällen vernachlässigt. Deshalb teilen wir die Verantwortlichkeiten in diesem speziellen Beispiel - eben weil beide Aufgaben je eine strategische Säule sind. Wäre hier nur eine Säule, könnte man vielleicht alles zu einem großen Prozess zusammenfassen. Aber das war ja nicht die Lehre aus den Kundeninterviews. Ganz im Gegenteil!

Diese Organisation führt natürlich zu Zielkonflikten zwischen den beiden Prozessverantwortlichen. Der Eine muss hoch flexibel fertigen, damit die Lieferfähigkeit steigt. Mit der Konsequenz, dass die Losgrößen sinken und die Rüstkosten steigen - völlig kontraproduktiv für das Produkt-Optimierungs-Management. Was noch? Die Fertigungstechnologie, die der Eine einsetzen will - möglichst hochautomatisiert mit Robotern und alles an einem Standort (dreischichtig) - läuft dem Ziel des Anderen - Flexibilität und räumliche Nähe zum Kunden, also dezentrale Strukturen - total zuwider! Ein unlösbarer Zielkonflikt! Zwischenfazit: Verschleiss der Nerven auf allen Seiten, offener Krieg der Beteiligten.

So kann es gehen, muss es aber nicht. In Top-Unternehmen setzen sich die Experten beider Fraktionen zusammen und entwickeln gemeinsam Konzepte - vielleicht sogar noch unterstützt durch die Entwicklung - wie hoch flexibel und ohne große Verschwendung produziert und verteilt werden kann. Entscheidend ist, dass keiner seine Aufgabe als allerwichtigste und einzige interpretiert. Beide müssen dem

Gesamtinteresse des Unternehmens oberste Priorität einräumen, die Strategie verstehen und in ihrer Persönlichkeit zu offener, vorurteilsfreier Teamarbeit in der Lage sein. Sonst funktioniert das Ganze nicht.

Aber nicht, weil die Strategie nichts taugt oder weil die Organisationsstruktur nicht funktioniert, sondern einzig und allein deshalb, weil ein oder zwei Charaktere im Spiel sind, deren persönliches Wertesystem nicht zur Aufgabe passt. Darüber werden wir noch zu sprechen haben.

Strategie, Organisation und Menschenbild haben Implikationen. Passen die Menschen in ihren Unternehmen nicht zur Strategie und zur daraus resultierenden Organisation, wird die Umsetzung aller guten Ansätze nicht gelingen. Aber es wäre ja auch keine Spitzenleistung, wenn es jeder schaffen würde, weil es ein Kinderspiel ist. Das ist das Unterfangen, das ich hier beschreibe, mit absoluter Sicherheit nicht. Aber darüber haben wir uns ja schon unterhalten und werden uns später noch viel intensiver unterhalten müssen!

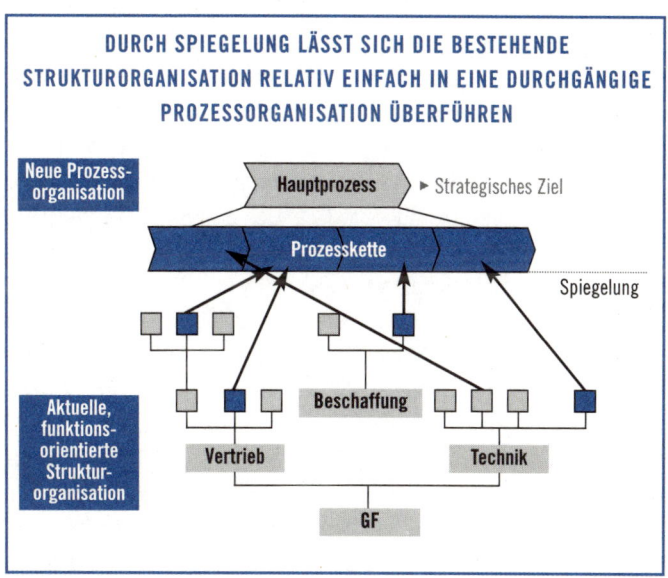

DURCH SPIEGELUNG LÄSST SICH DIE BESTEHENDE STRUKTURORGANISATION RELATIV EINFACH IN EINE DURCHGÄNGIGE PROZESSORGANISATION ÜBERFÜHREN

Fassen wir den dritten Schritt noch einmal kurz zusammen:

▸ Ausgangspunkt zur Gestaltung der Prozesse (»Operations«) ist jeweils eine in Schritt 2 definierte strategische Säule: Eine Festlegung, wodurch Sie sich in der Leistung Ihres Betriebs nachhaltig vom Wettbewerb unterscheiden wollen, nachdem Sie strategisch festgelegt haben, auf welchen Märkten Sie antreten wollen.

▸ Sie fragen sich, was muss einmalig oder laufend getan werden, um diese strategische Säule am Markt wirksam werden zu lassen?

▸ Sie »designen« je eine durchgängige Wertschöpfungskette zur Entwicklung der Leistungsfähigkeit für die strategischen Säulen.

▸ Dann geben Sie dieser Wertschöpfungskette einen Namen, der zum Ausdruck bringt, was der Zweck dieses Prozesses ist und legen fest, welche neuen bzw. schon in Ihrer Firma vorhandenen Fachfunktionen (Abteilungen) in die Kette zu integrieren sind.

▸ Damit haben Sie eine neue Strukturorganisation geschaffen, die nicht mehr funktional gegliedert, sondern streng prozessorientiert ist - ausgerichtet pro Prozesskette auf je eine oder mehrere Säulen (strategische Speerspitzen im Wettbewerb).

▸ Idealerweise haben Sie zu den Aufgaben in der Prozesskette auch schon über wesentliche Erfolgsfaktoren nachgedacht, die darüber entscheiden, ob die Resultate erzielbar sind oder nicht sowie über notwendige Instrumente (meist IT-Systeme). Damit haben Sie dann als Abfallprodukt auch gleich eine IT-Strategie.

▸ Haben Sie mehrere Geschäftsfelder mit eigenen Strategien, müssen Sie alle Schritte selbstverständlich für jedes Geschäftsfeld wiederholen. Dort, wo Funktionen bleiben, die kein integraler Bestandteil strategischer Wertschöpfungsketten sind (Finanz- und Rechnungswesen, »Human Resource Management« etc.) sind sie in die Führungsstruktur außerhalb der Ketten einzubauen.

▸ Haben die Prozessketten für unterschiedliche Geschäftsfelder wettbewerbsentscheidende Funktionen identifiziert, die noch in Zentralfunktion ausgeübt werden, bleibt nichts anderes übrig, als sie aufzuspalten und die Teile den Prozessketten zuzuordnen.

▶ Jetzt ist die Zeit gekommen, den/die Mitarbeiter Ihres Vertrauens mit der Leitung der Prozessketten zu betrauen. Sicher die schwierigste Aufgabe von allen, aber nicht unlösbar. Dazu später.

Ein Wahnsinn, sagen Sie, dann geht ja die ganze Synergie verloren! Stimmt - aber nicht, wie Sie denken. Wahnsinn wäre, von Führungskräften und Mitarbeitern zu verlangen, Diener mehrerer Herren zu sein, womöglich noch mit unterschiedlichen Zielsetzungen! An sogenannten »Kostensynergien« habe ich schon Großunternehmen straucheln sehen - weil an den falschen Stellen gespart wurde.

Natürlich steigen zunächst die Kosten - entscheidend ist jedoch der Nutzen, also das, was rauskommt. Und das kann nicht optimal sein, wenn fünf Fliegen auf einmal gejagt werden müssen. Also: dedizierte Strukturen und Ressourcen, der Nutzen überwiegt die Mehrkosten um ein Vielfaches - ich habe es selbst schon mehrfach mit großem Erfolg praktiziert! Ich gehe sogar so weit zu behaupten, dass kein Denkmodell unseren Standort strategisch mehr geschädigt hat als die Vorstellung von (vermeintlichen) »Synergien«. Was damit schon an Kreativität und strategischer Stoßkraft kaputt gemacht wurde: Kostensynergien entspringen der operativen Ebene, nicht der strategischen! Entscheidend aber ist - wie hoffentlich bislang klar wurde - einzig und allein die strategische Ebene! Aber lassen wir diesen Exkurs!

Ein besonders spektakuläres Beispiel liefert der Schuhhersteller Salamander und sein Großaktionär Energie Baden-Württemberg (EnBW): Statt sich darauf zu konzentrieren, im Schuhbereich als dem zentralen Stammgeschäft eine klare strategische Positionierung »Preisführer bzw. Leistungsführer« zu definieren und die Wertschöpfungsketten entsprechend auszurichten, wird seit Jahren nach Synergien zwischen den unterschiedlichen Geschäften im EnBW-Konzern gesucht - ohne jemals fündig zu werden. Unlängst musste ein Drittel der Belegschaft gehen, Salamander stand am Rande der Insolvenz, ein Sanierer hatte das Ruder übernommen - alles nur, weil Top-Manager nicht kapiert hatten, dass es ausschließlich auf die strategische Positionierung »Preisführer oder Leistungsführer« ankommt. Ein Jahr später war die Gesellschaft dann unter neuem Eigentümer insolvent.

Die Stuttgarter Zeitung kommentierte im Januar 2003: »Dabei hätten es die Vorstände so einfach gehabt: Salamander-Schuhe waren einmal die beliebtesten in Deutschland. Der ...-Konzern hatte eine Marke, lange bevor Markenstrategie und Markenführung zu gängigen Begriffen der Managersprache wurden. Doch die Verantwortlichen bei Salamander vermochten mit ihrem Schatz nichts anzufangen. Als Probleme auftauchten, wussten sie sich nur mit einem Griff in die Management-Mottenkiste zu helfen«. Soweit zu diesem traurigen Kapitel deutscher Industriegeschichte.

Am Beispiel unseres Hydraulik-Pumpen-Herstellers könnte die Organisation nun wie folgt aussehen:

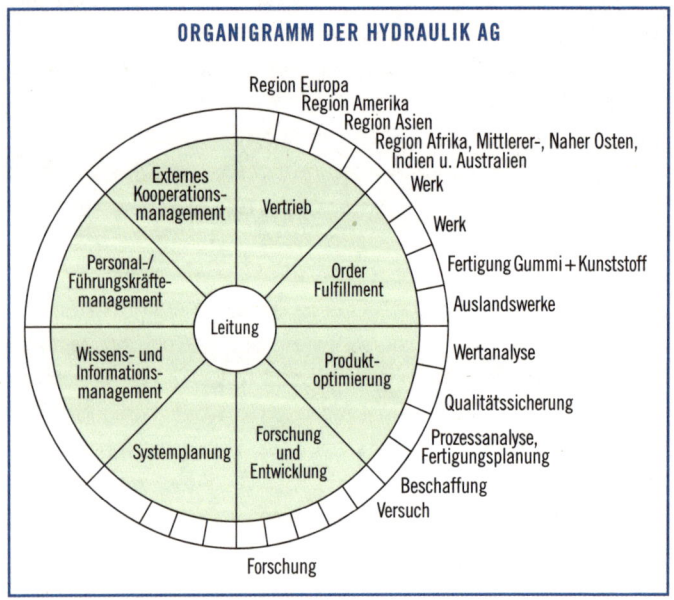

Was sagen Sie? Das soll eine Organisationsstruktur sein? Wie soll das denn funktionieren? Da sind ja gar keine Ebenen erkennbar! Wie sollen sich die Mitarbeiter da zurechtfinden? Dazu kann ich nur sagen: Wir arbeiten seit zehn Jahren in einer solchen Struktur - und sie funktioniert ganz hervorragend. Gerade weil sich unsere Mitarbeiter auf die Arbeit konzentrieren können und nicht darauf, ihre Position im Organigramm »grafisch« (nicht unbedingt durch Leistung) aufwerten zu müssen.

Es gibt nur zwei offizielle Hierarchie-Ebenen: »Leiter/Manager« und Mitarbeiter. Lediglich durch den Zusatz »Leiter Vertrieb Baden-Württemberg« ist erkennbar, wo dieser Leiter in der Hierarchie steht - unter dem »Leiter Deutschland« und dem »Leiter Welt«. Aber ob das nun mehr oder weniger ist als »Leiter Arbeitsvorbereitung Werk X oder Y« kann keiner mehr erkennen. Und das ist auch überhaupt nicht relevant.

Jeder hat klare Aufgaben und Ziele (siehe nächstes Kapitel) und erhält dafür sein Gehalt. Hierarchie-Level alter Art mit Abteilung, Gruppe, Hauptabteilung oder Hauptgruppe oder was nicht alles, sind »out«. Gibt es einfach nicht mehr! Ein sehr hilfreicher Nebeneffekt der Neuausrichtung von Organisationen auf Prozessstrukturen!

Zurück zu unserem Beispiel: Insgesamt acht Kernprozesse sind abgebildet, die ihre Begründung alle in der Strategie-Analyse haben: Was erwartet der Kunde von uns, um sich für uns und damit gegen den Wettbewerb zu entscheiden? Eine sehr schlagkräftige Struktur, wie sich in den letzten Jahren erwiesen hat. Aber die acht Prozessketten wären nicht ausreichend, um die Organisation optimal zum »Laufen« zu bringen. Von ganz entscheidender Bedeutung ist die Koordination einzelner Funktionen! Warum? Weil sonst die Zentrifugalkräfte zwischen den Prozessketten relativ groß wären und der Vorstand permanent gefordert wäre, Zielkonflikte zwischen den Prozessketten zu schlichten - was seine strategische Aufgabe behindern würde!

Was bedeutet das jetzt schon wieder?

Das heißt, dass zwischen den Prozessketten sehr wohl und auch ganz bewusst Zielkonflikte bestehen, die als produktive Konflikte auf einer Ebene unterhalb des Gesamtvorstands ausgetragen werden müssen.

Leider glauben viele Unternehmer immer noch, ein Unternehmen müsse möglichst konfliktfrei funktionieren, dann herrsche der Idealzustand! Das Gegenteil ist der Fall. Eine gute Firma hat bewusste Zielkonflikte und entwickelt die Führungskräfte dahin, diese Konflikte professionell zu beherrschen! Keine Schlammschlachten, keine persönlichen Feldzüge, sondern der Sache zugetan, gemeinsam die beste Lösung suchend und findend. Diese kollektive Intelligenz ist heute gefordert!

Ein Beispiel, passend zu obiger Organisationsstruktur: Der Vertrieb ist für Auftragseingang und Umsatz verantwortlich. Das Produkt-Optimierungs-Management (POM) für die Optimierung der Kosten - insbesondere der Herstellkosten. Unser Vertrieb wäre kein guter Vertrieb, wenn er nicht immer wieder mit neuen Produkt-Varianten und Sonderlösungen aufwarten würde, die er für den Kunden A, B und C dringend benötigt. Die Kosten dieser Varianten sieht er natürlich nicht! Deshalb haben wir das POM, nicht um den Vertrieb abzuwürgen, sondern um gemeinsam mit dem Kunde und Vertrieb dafür zu sorgen, dass eine wirtschaftliche Lösung gefunden wird - nicht selten mit einem Produkt, das heute schon im Katalog geführt wird (dessen entsprechende Anwendung unser Vertriebsmann leider nur noch nicht kennt!).

Oder ein anderes Beispiel: Die Vertriebsplanung war zu optimistisch. Wir haben Überbestände. Das läuft voll gegen die Ziele im »Order Fulfillment« (Kapitalumschlag). Was tun? Hier muss der Vertrieb gezielt mit Maßnahmen aktiv werden, die helfen, die Bestände zu reduzieren.

So gibt es zahlreiche Schnittstellen zwischen diesen drei Funktionen: Vertrieb, POM und »Order Fulfillment« (OF)! Mit der Konsequenz, dass wir eine Marktkoordination installiert haben, in der exakt diese Zielkonflikte ausgetragen werden, um das Schiff in Bezug auf die Ziele aller

Prozesse so gut es geht »auf Kurs« zu halten. Das heißt, für das Gesamtunternehmen mit Hilfe des »BASICON« die optimale Lösung zu finden - auch wenn sie für die Zielerreichung in einem einzelnen Prozess vielleicht kontraproduktiv sein mag.

Daneben gibt es noch eine »Technik-Koordination (TKO)« und eine »Total-Quality-Management-Koordination (TQM)«. Das »Koordinieren« ist nicht einfach und will geübt sein. Sind wir doch gewohnt, »Recht zu haben« und uns richtig »durchzusetzen«. Hier müssen wir immer wieder lernen, im Sinne der Sache zu kooperieren und prozessübergreifend zu optimieren - zum Wohle des gesamten Unternehmens!

Das sind keine einfachen Lernprozesse - aber es lohnt sich, den Weg einzuschlagen. Die Zahlen werden Ihnen Recht geben! Und mit dem »BASICON« haben Sie ein Werkzeug kennen gelernt, das in der Lösung von Problemen bzw. in der Nutzung von Chancen optimale Hilfe bietet. Damit werden auch schwierigste Zielkonflikte lösbar!

Liebe Leser: Ist das alles wirklich so kompliziert? Ich meine nein! Es geht schlicht um die praktische Anwendung von gesundem Menschenverstand. Nicht um anderes und nicht um mehr!

Entscheidend ist die Ausgangsbasis: die strategische Ausrichtung, festgelegt in den erfolgsrelevanten Prozessketten. Der Rest ist viel Detailarbeit und Abstimmung mit Ihren Mitarbeitern. Wenn Sie nach dieser Handlungsempfehlung vorgehen, haben Sie binnen Monaten ein Unternehmen, das strategisch und strukturell die Gewähr bietet, in Zukunft unsere vier Schlüsselfragen mit »Ja« beantworten zu können. Und darum geht es nach wie vor, das sollten wir nie vergessen!

Aber Strategie und Struktur sind nicht alles - sie sind lediglich der Grundstein. Deshalb fahren wir nachstehend mit dem vierten Schritt fort. Davor empfehle ich Ihnen jedoch ein paar Tage Pause. Das war doch ganz schön viel auf einmal!

ZUORDNUNG DER VERANTWORTLICHKEITEN DER STRATEGISCHEN SÄULEN IM ORGANIGRAMM EINES WERKZEUGHERSTELLERS

JEDE SÄULE IST EINDEUTIG EINEM VERANTWORTUNGSBEREICH/EINER PROZESSKETTE ZUZUORDNEN

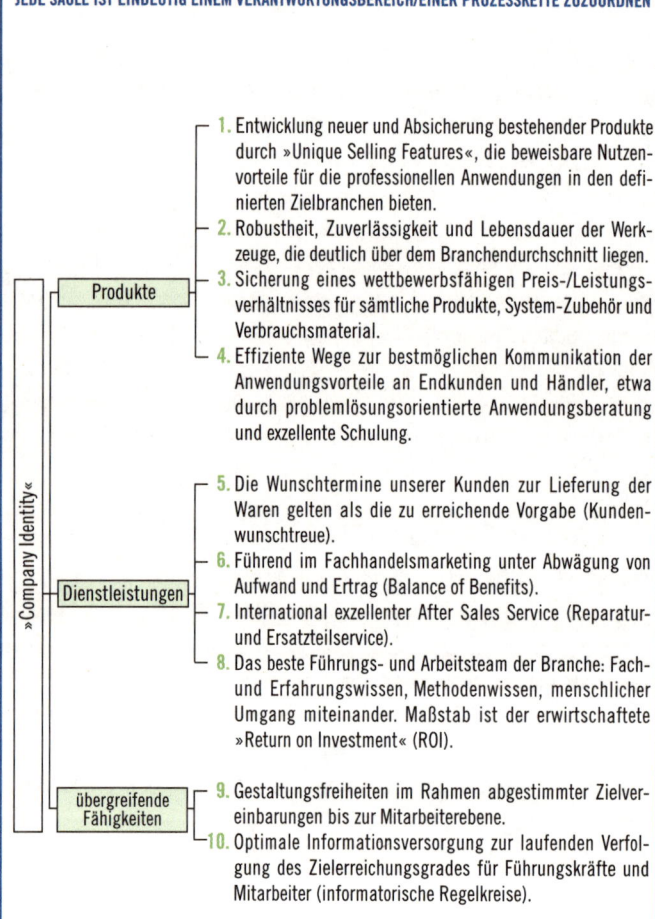

»Company Identity«

Produkte

1. Entwicklung neuer und Absicherung bestehender Produkte durch »Unique Selling Features«, die beweisbare Nutzenvorteile für die professionellen Anwendungen in den definierten Zielbranchen bieten.
2. Robustheit, Zuverlässigkeit und Lebensdauer der Werkzeuge, die deutlich über dem Branchendurchschnitt liegen.
3. Sicherung eines wettbewerbsfähigen Preis-/Leistungsverhältnisses für sämtliche Produkte, System-Zubehör und Verbrauchsmaterial.
4. Effiziente Wege zur bestmöglichen Kommunikation der Anwendungsvorteile an Endkunden und Händler, etwa durch problemlösungsorientierte Anwendungsberatung und exzellente Schulung.

Dienstleistungen

5. Die Wunschtermine unserer Kunden zur Lieferung der Waren gelten als die zu erreichende Vorgabe (Kundenwunschtreue).
6. Führend im Fachhandelsmarketing unter Abwägung von Aufwand und Ertrag (Balance of Benefits).
7. International exzellenter After Sales Service (Reparatur- und Ersatzteilservice).
8. Das beste Führungs- und Arbeitsteam der Branche: Fach- und Erfahrungswissen, Methodenwissen, menschlicher Umgang miteinander. Maßstab ist der erwirtschaftete »Return on Investment« (ROI).

übergreifende Fähigkeiten

9. Gestaltungsfreiheiten im Rahmen abgestimmter Zielvereinbarungen bis zur Mitarbeiterebene.
10. Optimale Informationsversorgung zur laufenden Verfolgung des Zielerreichungsgrades für Führungskräfte und Mitarbeiter (informatorische Regelkreise).

ZUORDNUNG DER VERANTWORTLICHKEITEN DER STRATEGISCHEN SÄULEN IM ORGANIGRAMM EINES WERKZEUGHERSTELLERS

JEDE SÄULE IST EINDEUTIG EINEM VERANTWORTUNGSBEREICH/EINER PROZESSKETTE ZUZUORDNEN

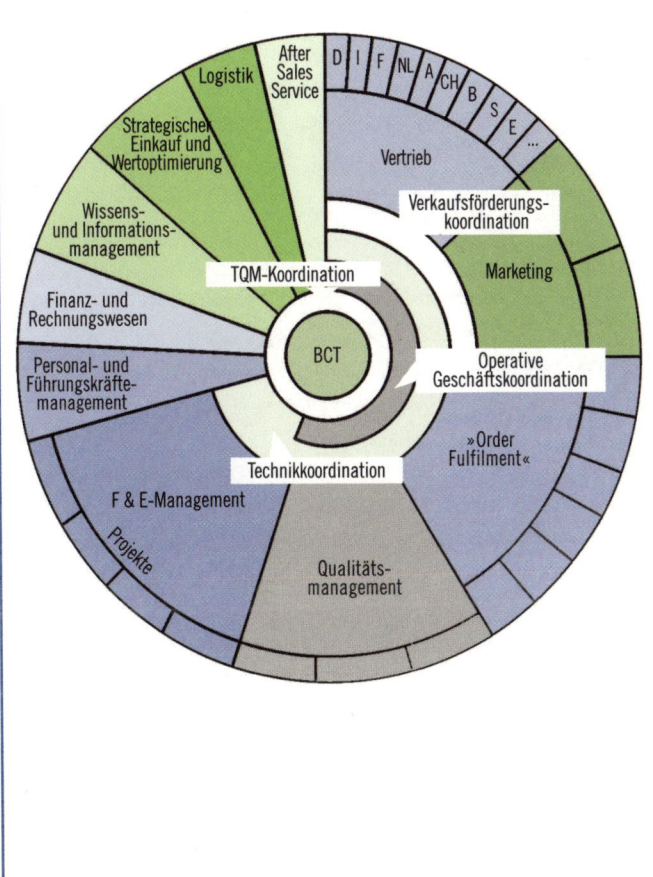

113

3f) METHODISCHER EXKURS

Leider ist es noch kein verbreitetes Wissen, den Zusammenhang von Strategie, Organisation und Systemen zu verstehen. Wir wollen uns bemühen, die Zusammenhänge begreifbar zu machen.

Ein Beispiel aus der Immobilienbranche: Ein Projektentwickler verdient Geld damit, Grundstücke zu kaufen, zu bebauen und fertige Gebäude (so teuer wie möglich) wieder zu verkaufen. Scheinbar ganz einfach. Drei Hauptaufgaben haben wir auch schon identifiziert. Doch so einfach ist es wohl nicht - sonst würden nicht jedes Jahr so viele Projektentwickler Konkurs anmelden. Also fragt der Stratege und Organisator nach »Haupterfolgsfaktoren« (»Key Factors for Success«), die darüber entscheiden, ob einer als Projektentwickler erfolgreich ist oder nicht.

Beginnen wir bei der ersten Aufgabe: Grundstück suchen und kaufen! Ja, worauf kommt es an? Lage, infrastrukturelle Anbindung, Bebaubarkeit, Altlasten im Grundstück, Wissen über die Verfügbarkeit von Grundstücken überhaupt, Kaufpreise pro Quadratmeter, die detaillierte Gestaltung des Kaufvertrags, Haftungsfragen etc.

Formulieren wir die Aufgaben aus, »worauf kommt es bei der Lage, der infrastrukturellen Anbindung, der Bebaubarkeit... an?«, kommen wir auf die »Key Factors for Success«! Etwa die Lage: Wir kaufen nur 1a-City-Lagen, maximal 500 m von der nächsten U- oder S-Bahnstation mit einer Flächennutzung von mindestens 75 %. Sie merken wieder: Ohne klare Strategie können Sie zwar generische Aufgaben beschreiben, nie aber die spezifischen Haupterfolgsfaktoren des Geschäfts definieren, da sie von den strategischen Festlegungen abhängen.

Diese Beschreibung ist sicher richtig für Handelsimmobilien, für Büroimmobilien aber sicher nicht und für Wohnimmobilien schon gar nicht. Und bei Handelsimmobilien auch nur, wenn es sich um einen Entwickler handelt, der Händlerkunden hat, die auf Laufkundschaft set-

114

zen, statt auf die »grüne Wiese«. Also brauchen wir eine saubere strategische Festlegung, um über die Aufgaben zu den klassischen Erfolgsfaktoren des Geschäfts vorzudringen. Dies ist nichts anderes als das geballte Erfahrungswissen des eigenen Unternehmens oder von Unternehmen, die das Geschäft seit Jahren erfolgreich betreiben.

Je nach Ausprägung der Aufgaben und der Erfolgsfaktoren sieht die Strukturorganisation aus, aber auch die Menschen, denen die Aufgaben übertragen werden können. Dabei wird immer wieder übersehen, dass sich auch die Systeme, also die IT-Infrastruktur, an den Erfolgsfaktoren zu orientieren haben. IT ist Mittel zum Zweck und nicht umgekehrt. Welche IT-Ausrüstung braucht unser Projektentwickler, um seine Aufgaben optimal im Sinne der Haupterfolgsfaktoren zu meistern? Das ist die zentrale Frage. IT wird zum zentralen Element, um sich als Preis- oder Leistungsführer von Wettbewerbern nachhaltig abzusetzen.

STRATEGIE, PROZESSAUFGABEN UND SYSTEME SIND FÜR SPITZENLEISTUNGEN ENGSTENS AUFEINANDER ABZUSTIMMEN

BEISPIEL: PROJEKTENTWICKLUNG

	Grundstücks-beschaffung	Bauplanung	Bauausführung	Finanzierung
Haupterfolgsfaktoren	▶ Totale Markt-transparenz, Preisspiegel ▶ Gute Kontakte zu Grundstücks-besitzern ▶ Schnelle Entscheidungen ▶ Standardisierte Standortbewertung	▶ Modulare Planungskonzepte ▶ Leistungsfähige Architekten ▶ Kostendisziplin ▶ Limitierung der architektonischen Freiheit	▶ Kooperation mit sehr guten Sub-Unternehmern ▶ Modulare Bauele-mente und Stan-dardkomponenten ▶ Laufende Quali-tätssicherung bei der Bauausführung	▶ Finanzielle Reserven ▶ Zugang zum Kapitalmarkt ▶ Zusammenarbeit mit Investoren und Fonds
Nötige Systeme		▶ Flexible CAD- und Visualisierungs-systeme ▶ Standard-Kalku-lationsprogramme	▶ Projektmanage-mentsoftware ▶ Mitlaufende Projektkalkulation	

Strategie: In großstädtischen 1a-Lagen bieten wir Handelskonzernen attraktive Ladenflächen zu Mieten, die 20 % unter dem Mietspiegel liegen.

3g) SCHRITT 4: MESSBARE ZIELE UND LEISTUNGSINDIKATOREN

Haben Sie sich etwas erholt von den Strapazen des dritten Schritts? Wie fühlen Sie sich? Müde, zu viele Probleme bei der Umsetzung? Ja, dann lassen Sie sich Zeit. Nichts überstürzen. Ruhe bewahren! Wie bitte? Die Ergebnisse sind eingebrochen? Gerade jetzt, wo Sie die neue Organisationsstruktur eingeführt haben?

Ja, so ist das! Sagen wir es so: Es wäre nicht normal, wenn die Ergebnisse nicht eingebrochen wären! Warum? Weil jeder Gesundungs- bzw. Verbesserungsprozess im Regelfall zunächst mit Rückschlägen verbunden ist. Die Impfung Ihres Körpers führt meist auch erst einmal zu einer Gegenreaktion - doch die Impfung hilft. So ist es hier auch: Bis sich die Mitarbeiter in der neuen Organisation zurechtfinden, bis die vielen Veränderungen verdaut sind - das dauert seine Zeit und ist mit entsprechenden Negativwirkungen verbunden. Je tiefer die Eingriffe, umso intensiver die Wirkung und je »behüteter« Ihre Mitarbeiter bislang waren, umso heftiger die Reaktion auf den »Impfstoff«.

Alles normal, kein Grund zur Panik und schon gar kein Grund, in den alten Zustand zurückkehren zu wollen. Das wäre das Fatalste, was Sie machen könnten - auch wenn Sie mit dem Gedanken spielen! Sie machen sich für alle Zeiten als Unternehmer unglaubwürdig! Solange Sie methodisch sauber arbeiten und keine faulen Kompromisse eingehen, spricht nichts für Rückschritte oder gravierende Korrekturen.

Wenn Sie allerdings laviert haben, weil Sie »Herrn Schmidt« doch nicht umschifft haben, wird es Zeit, noch einmal herzhaft anzupacken und das Problem endgültig zu lösen. Bitte seien Sie objektiv in der Beurteilung der aktuellen Situation. Sind Sie methodisch sauber vorgegangen? Dann wird alles gut. Keine Frage: »Durch« ist die einzige Devise.

Sind Sie nicht sauber vorgegangen? Dann müssen Sie die ausgelassenen Schritte nachholen! Daran führt kein Weg vorbei. Das tut weh und geht unter die Haut. Aber es ändert nichts daran, dass es sein muss! Die Bypass-Operation ohne Skalpell und Narkose gibt es nun einmal nicht! So ist das auch in Ihrer Firma!

Also, nur Mut! Sie schaffen das! Erinnern Sie sich an die Ausgangslage im »T.O.S.«-Prozess: Haben Sie geantwortet: »Ich will«? Ja! Also, zusammenreißen und die unangenehmen Gespräche führen. Dann ist es vorbei! So schnell wie möglich. Jetzt kommt der Moment der Wahrheit.

Wenn Sie es nicht schaffen! Schade. Legen Sie das Buch bei Seite. Machen Sie Urlaub und beginnen Sie noch einmal mit dem ersten Kapitel. Warum? Sie meinen, jetzt sei keine Zeit für Zynismus?

Die Welt ist hart und hat für Gescheiterte meist wenig Trost. Aber vielleicht gibt es ja einen Nachwuchsunternehmer in Ihrer Firma, der es kann? Könnte doch sein, oder? Ja? Wirklich? Oder kennen Sie einen, dem Sie es zutrauten? Ja? Großartig!

Dann ist jetzt der Moment gekommen - egal wie alt Sie sind - treten Sie ins zweite Glied, gehen Sie in den Beirat oder in den Aufsichtsrat! Lassen Sie diesen Unternehmer ran! Das ist doch kein Makel! Ihre Fähigkeiten in der Technik oder bei den Großkunden sind Gold wert für die Firma. Setzen Sie diese Fähigkeiten ganz gezielt ein. Und lassen Sie den, dem Sie diesen Weg zur Spitzenleistung zutrauen, ans Steuer!

Ich kenne Unternehmer, die erst mit 40 verstehen, wo Ihre größten Fähigkeiten liegen, die sich dann darauf konzentrieren und die Führung einem anderen anvertrauen. Hut ab vor diesen Persönlichkeiten! Diese wahren Unternehmer nehmen ihre Verantwortung für den Betrieb ernst.

Doch zurück zum eigentlichen Thema: Die neue Organisation ist seit einigen Wochen oder Monaten in Kraft. Sie beginnt zu wirken, auch wenn das in den Zahlen noch nicht sichtbar sein kann. Aber Sie spüren doch, dass langsam wieder Ruhe einkehrt!

Jetzt kommt ein weiterer entscheidender Schritt - der vierte! Der wichtigste in Bezug auf die Ergebnisse: Sie müssen für jede Prozesskette - die ja jetzt auch identisch mit einer Organisationseinheit ist, messbare, quantifizierbare Ziele setzen. Ja, wir haben schon noch Einiges vor uns.

Und das ist jetzt der nächste logische und praktische Schritt. Auch wenn Percy Barnewik (Ex-CEO von ABB) zu Recht in Ungnade gefallen ist, hatte er zumindest in einem Recht: »What gets measured gets done«! Es ist so: Das, was gemessen wird, wird gemacht. Niemand will negativ auffallen, im Abseits stehen und als Versager gelten. Weder der Vorstand vor dem Aufsichtsrat, noch die Verantwortlichen für die Prozessketten vor dem Vorstand, noch die Mitarbeiter vor ihrem Leiter! Wir wollen alle zeigen, dass wir etwas können! Das lässt sich am besten beweisen, wenn es messbare Ziele als Leistungsindikatoren gibt.

Das Schönste: Jeder Mitarbeiter kann am Ende des Arbeitstages die Frage beantworten: Welchen konkreten Beitrag habe ich heute zum Erfolg der Firma geleistet - oder letzten Monat oder im letzten Quartal?

Nichts motiviert mehr als der bewusste Erfolg, der messbare Leistungsfortschritt, der möglichst nicht nur im stillen Kämmerlein zelebriert wird, sondern Eingang findet in Grafiken im Intranet, bei Tagungen, am Schwarzen Brett angeschlagen - schaut her, was wir gekonnt haben!

Denken Sie, es würde sich irgend jemand für Sport interessieren, wenn es nicht solche messbaren Leistungskriterien gäbe? Fußball ohne Tore, Sprinten ohne Stoppuhr, Hochsprung ohne Metermaß? Völlig uninteressant! Kein Mensch käme auf die Idee, den Sport von diesen messbaren Leistungsindikatoren zu befreien. Weil der Leistungssport sonst mausetot wäre! Und damit eine ganze »Entertainment-Industrie«!

Oder beobachten Sie Kinder beim Spielen. Ohne jede Beeinflussung beginnen sie damit, Maßstäbe zu definieren, um Gewinner und Verlierer, Sieger und Besiegte zu bestimmen. Einfach so und ohne Zwang.

118

Wir Menschen sind auf Leistung und Wettbewerb geeicht - wir wollen es oft einfach nur nicht wahrhaben und lassen uns einreden, Leistungsdruck zermürbe. Das Gegenteil ist der Fall: Der Mensch braucht Maßstäbe, an denen er sich orientieren, also ausrichten und auch reiben kann, sonst verliert er einen Teil seiner Identität.

Aber schauen wir in die Betriebe! Dort gehen jeden Tag Hunderttausende zur Arbeit, ohne dass mit ihnen besprochen wurde, an welchen Maßstäben ihre Leistung ganz exakt gemessen wird. Und das, obwohl sich viele Mitarbeiter nach Feierabend freiwillig solchen Leistungsgrößen aussetzen: Im Sport, beim Spendensammeln, beim Stimmensammeln - egal wo! Alles wird gemessen - nur in der Firma nicht! Komisch.

Wir müssen für jede Prozesskette und für jede Organisationseinheit klar messbare Leistungsindikatoren definieren und mit individuellen Zielwerten versehen. Hier empfiehlt sich folgende Vorgehensweise:

> ▸ Leistungsindikatoren sind output-orientiert zu formulieren, gemessen an den Leistungen der Prozesskette: Senkung der Herstellkosten, Verbesserung der Qualität im Sinne von Ausschuss, Reduzierung von Kundenreklamationen, Senkung von Garantiequoten, Verbesserung von Lieferfähigkeiten, Erhöhung von Kapitalumschlägen, Senkung von Forderungslaufzeiten und, natürlich: Die wirtschaftlichen Ergebnisse des Gesamtunternehmens!

Damit sind wir wieder bei unseren vier Fragestellungen von der allerersten Seite! Messbare Ziele, die nur erreicht werden können, wenn viele Prozessketten mit noch mehr Einzelprozessen messbare Ergebnisse liefern, die hoch aggregiert dazu beitragen, dass Ihr Marktanteil, Ihr Rohertrag und Ihre Umsatzrentabilität steigen - bei beherrschbarer Komplexität. Nicht mehr - aber auch nicht weniger!

> ▸ Wenn für Prozesse keine messbaren Output-Ziele definierbar sind (eher unwahrscheinlich), müssen Input-Ziele definiert werden!

▶ Jetzt sind für alle festgelegten Indikatoren die Datendefinitionen zu treffen und entsprechende Auswertungsroutinen festzulegen. Das ist ein mühsames Geschäft: Festlegung der Details, etwa Lieferfähigkeit. Was ist das? Die exakte Aussage darüber, welchen Anteil aller Aufträge das Unternehmen in einer definierten Zeit (in 24, 48, 96 h) an den Transporteur oder an Kunden übergibt. Beispiel: Unsere Lieferfähigkeit sieht heute so aus, dass wir 78 % aller Aufträge oder Auftragspositionen in 48 h ausliefern.

Das sagt noch lange nichts über die Liefertreue. Die gibt an, inwieweit Ihr Unternehmen die dem Kunden zugesagten Termine auch effektiv einhält. Insbesondere im Projektgeschäft oder bei Sonderausführungen ein entscheidender Maßstab. Nicht zu verwechseln mit der Kundenwunschtreue, die misst, inwieweit Ihr Unternehmen die geforderten Termine einhalten kann. So könnte es im obigen Beispiel sein, dass 80 % aller Kunden eine Lieferung in 24 h wünschen. Dann läge die Kundenwunschtreue z. B. bei 30 % - alles andere als beruhigend.

Auch dieses Thema ist eine kleine Wissenschaft für sich. Auf Details kann ich hier leider nicht eingehen. Die Botschaft heißt: Zieldefinitionen müssen bei allem Aufwand gemacht werden - zusammen mit der Festlegung entsprechender Auswertungsprogramme, die Ihre DV-Spezialisten in den Abwicklungssystemen hinterlegen müssen.

Sind Sie so weit, erfassen Sie über einen längeren Zeitraum (drei bis sechs Monate) die Ist-Werte und versuchen bereits ansatzweise herauszufinden, welche Maßnahmen welche Wirkung auf den jeweiligen Indikator haben, um die Beeinflussbarkeit bzw. die Sensitivität abzuschätzen. Das ist sehr wichtig, um die richtigen Ziele festzulegen.

Ein Beispiel: Nehmen Sie eine Sandgrube. Ihr Kind (oder Enkelkind oder Nachbarskind) soll weit springen. Einfach so, ohne Regulativ. Zunächst wird das Kind die völlig berechtigte Frage stellen, was der Schwachsinn soll?! Kinder denken mit. Lassen Sie das Kind trotzdem springen. Also, geht doch! Widerwillig, aber es geht. Jetzt rechen Sie den Sand und lassen das Kind noch einmal springen. Es springt, wenn auch noch widerwilliger als beim ersten Mal. Was Sie nicht verhindern können ist die Frage: War der erste Sprung weiter oder der zweite? Sie wissen es nicht? Weil Sie nichts erfasst haben!

Sie sagen: Also noch einmal, aber nun lassen wir die Spuren liegen. Was passiert beim zweiten Sprung? Ja klar, das Kind strengt sich an. Es will weiter springen als zuvor! Der erste »Mini-Ehrgeiz« ist geweckt. Jetzt sagen Sie, also gut, ich springe mit! Sie springen und sind weiter - nicht viel, aber doch um Zentimeter. Was macht das Kind: Es will springen! Es will! Warum? Weil es so viel Ehrgeiz hat, Ihnen zu zeigen, dass es mehr kann! Ab jetzt müssen Sie überhaupt nichts mehr machen. Das Kind springt weiter als bisher und auch weiter als Sie!

Jetzt Sie ... und wieder weiter. Aber halt! Wo sind Sie abgesprungen? Und wo springt das Kind ab? Ja, das haben Sie gar nicht festgelegt. Jetzt wird markiert. Das ist die erste »Regel«: Wo wird gesprungen? Noch drei oder vier Sprünge und ein Zuschauer will wissen: Wie weit springt ihr denn? Ja, jetzt mit Datendefinitionen. Mit dem Meterstab! Klasse! Und wenn Sie jetzt noch sagen: Wer die 4 m-Marke schafft, kriegt ein Eis, dann ist der halbe Kinderspielplatz motiviert mit dabei.

Aber nur unter einer Bedingung: Die 4 m sind machbar, von 3,5 m auf 4 m, das geht. Würden Sie 8 m sagen, spränge keiner mehr und das Spiel wäre aus! Bei 3 m würde man Sie auslachen. So nahe liegt alles beisammen! Damit sind wir bei einem weiteren Kriterium für Ziele.

> Ziele müssen herausfordernd sein, aber auch machbar, sonst führen sie zu Schlendrian oder zu Demotivation. Insofern empfiehlt es sich, bei einem mehrstufigen Zielprozess zu definieren: Wunschziel durch den Vorstand bzw. die Geschäftsleitung: Wir steigern die Lieferfähigkeit von X % in 48 h auf Y % in 48 h bei gleichzeitiger Erhöhung des Kapitalumschlags von A auf B!

Dieser »Wunsch« wird jetzt von den Fachleuten diskutiert und auf seine Realisierbarkeit geprüft. Dort, wo Ziele zu anspruchsvoll wirken, wird ein Gegenvorschlag erarbeitet und sauber begründet, warum. Am Ende einigt man sich auf ein Ziel, das »anspruchsvoll« und »machbar« ist! Dann war es ein guter Zielbildungsprozess, sonst nicht.

> ► Für einen guten Führungsprozess »Ziele« fehlt nun noch die Überlegung, welche Entwicklungen kontraproduktiv sein könnten, um die Leistungsfähigkeit Ihres Unternehmens an dieser Stelle zu schwächen? Was also wären Antiziele?

Wenn Ihr Außendienst nur am Umsatz gemessen wird, wird das früher oder später (meist früher) dazu führen, dass Preise, Rabatte, Boni etc. Anwendung finden, die den Rohertrag ganz schnell schmälern! Das ist völlig normal. Und das haben Sie auch erkannt. Aber dass Lieferfähigkeit und Reklamationsquote zusammenhängen oder Leistungsdruck und Fluktuationsrate oder Senkung der Herstellkosten und Qualitätsindikatoren etc. - das haben noch lange nicht alle Firmen verstanden.

Dies aber ist entscheidend, sonst gelangen Sie in Ihren Prozessketten nicht auf ein insgesamt höheres Leistungsniveau, sondern Sie tauschen eine gute Entwicklung bei einem Indikator gegen eine schlechte Entwicklung bei einem anderen aus - was Sie im ungünstigsten Fall nicht sofort erkennen, sondern erst, wenn es vielleicht sehr spät ist.

Entscheidend ist, sehr intensiv darüber nachzudenken, an welchen Hebeln Ihre Mitarbeiter sitzen, um ihre Ziele (leicht) erreichen zu können. Dann definieren und messen Sie bitte auch diese Stellhebel und nehmen Sie diese als quantitative Ziele in die Zielvereinbarung auf, die Sie mit Ihren Mitarbeitern treffen!

So, jetzt sind wir schon ganz schön weit, wenn Sie eine Vorstellung davon haben, welche Prozesskette welche Ziele der sich teilweise widerstrebenden Zielindikatoren verfolgen soll. Dann fehlen nur noch zwei Schritte und schon haben wir auch den vierten Schritt auf unserem Weg zur Spitzenleistung »hinter uns gebracht«!

Im Regelfall haben die Prozessketten auch sich zum Teil widerstrebende Ziele zu realisieren! Deshalb ist es unabdingbar, über alle Prozesse hinweg Transparenz über die jeweiligen Ziel-Sets zu schaffen und eine offene Diskussion zu beginnen, ob die zu erwartenden Zielkonflikte beherrschbar sein werden oder nicht!

Dies hängt davon ab, wie anspruchsvoll Sie einzelne Prozessziele vereinbart haben, aber auch davon, welche Führungskultur Sie entwickelt haben. Wenn hier ein Haufen Individualisten danach strebt, dem Chef zu zeigen, dass jeder der Beste ist, ist das Konfliktpotenzial extrem. Der ganze Zielprozess wird sich ins Negative verkehren. Wenn da aber Führungskräfte sind, die das Wohl des Unternehmens als Ganzes im Auge haben, werden fruchtbare Kooperationen zu Stande kommen, sofern die Messlatte nicht definitiv zu hoch liegt.

Hier brauchen Sie Offenheit und Zeit, um zu guten Ergebnissen zu kommen. Das muss wachsen und braucht vielleicht sogar mehrere Planungsrunden über zwei oder drei Jahre, bis Sie dieses Stadium erreicht haben. Das ist nicht schlimm, so lange alle in diesem Prozess etwas dazu lernen und sich - im Sinne unserer vier Eingangsfragen - insgesamt aufeinander zubewegen. Hier gibt es keine Kompromisse.

Sobald die Ziele auf der obersten Führungsebene aufeinander abgestimmt sind, kommt der letzte Schritt. Die Ziele müssen auf einzelne Mitarbeiter heruntergebrochen werden. Ja, Sie haben sich nicht verlesen! Jeder Mitarbeiter bekommt sein auf die (Gesamt-)Prozessziele abgestimmtes Teilziel: der Mitarbeiter in der Montage, an der Maschine, in der Logistik, in der Buchhaltung - alle!

Das muss nicht immer auf die einzelne Person zutreffen. Aber für eine kleine Gruppe eng zusammenarbeitender Mitarbeiter gilt das schon!

Etwa die Buchhaltung als Gruppe, eventuell untergliedert nach Anlagen-, Debitoren- und Kreditorenbuchhaltung. So eben, dass sich der Einzelne im Kreis seiner Mitarbeiter selbst mit dem Ziel identifizieren kann, indem er genau weiß: Wenn ich hier Mist mache, fällt das auf und meine Gruppe wird es sofort registrieren. So nahe müssen Sie ran - sonst bringt das Ganze nichts, außer großen Tagungen.

Ich kenne Unternehmer, die mir erklären: Wir haben bei uns einen Zielprozess. Alle Mitarbeiter werden an unserem Ziel 5 % Umsatzrendite gemessen. Dafür gibt es zum Jahresende dann auch eine Prämie!

Das ist völlig weltfremd! Glauben Sie, der Mitarbeiter in der Montage sieht seine Arbeit im Zusammenhang mit 5 % Umsatzrendite - wenn er überhaupt weiß, was das ist?! Was er versteht: Wir produzieren pro Schicht die Vorgabestückzahl, schreiben pro Monat fünf Verbesserungsvorschläge, haben eine Nacharbeitsquote von X %, der Ausschuss liegt unter Y %, die Produktivität, gemessen in Ausbringung pro Zeiteinheit, steigt von A Stück/Stunde heute auf B Stück/Stunde im November nächsten Jahres. Das versteht er, da findet er sich wieder!

Am Anfang herrscht wahrscheinlich gewisser Widerwillie vor, doch je mehr das Ganze zur Routine wird, umso »sportlicher« ist die Herausforderung. Und dann kommt auf einmal etwas ganz automatisch, was kein Team-Management-Workshop im Seminarraum je bewirkt: Es entsteht Teamwork! Man hilft sich, überlegt gemeinsam, wie machen wir das? Wie können wir das schaffen?!

Das ist der erste echte Durchbruch zum Spitzenunternehmen.

Allerdings waren die ersten drei Schritte zwingend zur Vorbereitung im Unternehmen, denn sonst hätte die große Gefahr bestanden, dass Sie eines Tages hören »You are on the right track, but unfortunately to the wrong direction«. Das darf nicht passieren, sonst ist alles zu spät. Aber im Unternehmen, an der Werkbank, in den Verkaufsfilialen, am Check-In

Counter, am Bankschalter merken Sie von den ersten drei Schritten nichts. Weshalb ja auch viele »neue« Strategien in den Kinderschuhen stecken bleiben. Spürbar, erlebbar wird das Ganze an der Kontaktschnittstelle zum Kunden erst, wenn alle Mitarbeiter dieses Unternehmens ihre persönlichen, messbaren Ziele haben, die direkt an der Strategie ausgerichtet sind. Dann gibt es den Ruck, vorher nicht!

Jetzt sind Sie schon ganz, ganz nahe dran. Pause!

Spüren Sie, wie es in den Fingern kribbelt? Mensch, das machen wir auch, das führen wir ein! Das stimmt schon. So richtige Ziele haben unsere Leute wirklich noch nicht!

Ruft nicht neulich ein Händler von uns an und fragt, was denn bei uns los sei? Er würde neuerdings immer sofort am Telefon bedient. Das sei doch toll. Das wollte er mir nur mal sagen!

Was war geschehen? Ganz einfach. Wir hatten im Rahmen der Zielgespräche für das laufende Jahr vereinbart, das bei 85 % aller Telefonate spätestens nach dem dritten Klingeln jemand am Apparat ist! Unsere Telefonzentrale wurde mit einer entsprechenden Auswertungs-Software ausgerüstet. Seitdem wird wöchentlich ausgewertet, bei welcher Quote wir bei welchem Apparat stehen. Das Ziel ist kein Individualziel für je einen Verkaufssachbearbeiter, sondern ein Gruppenziel über alle.

Früher konnten bei uns Telefone klingeln - es hat keinen gestört. Ist ja (Gott sei Dank) nicht meins! Heute wird abgenommen, egal, wo das Telefon läutet und ob der Kollege eine Zigarettenpause macht oder sonst etwas. Außerdem wird nicht mehr so lange geredet. Wir sind effizienter geworden. Nun muss ich beim »Smalltalk« Schluss machen, um einen anderen Apparat zu bedienen. Früher war das undenkbar.

Merken Sie, was passiert? Es hat ein mentaler Umschwung stattgefunden! Wir haben ein gemeinsames Ziel, das wir unmittelbar selbst beeinflussen können. Und wir können, wenn wir wollen, täglich sehen, wo wir stehen. Wöchentlich bekommen wir die Auswertung sowieso. Da kommt auf einmal Freude auf.

Aber, auch klar, man muss gelegentlich Korrekturen vornehmen, wenn die Ziele nicht erreicht werden! Aber da machen Sie sich mal keine Sorge. Auch Ihre Leute bekommen das hin, wenn Sie klar definierte, messbare Ziele haben! Und das Schönste für das Unternehmen: Sie haben zufriedene Kunden und Händler, ganz automatisch. Einfach so, sozusagen als Abfallprodukt!

Was habe ich mir früher den Mund fusselig geredet. »Kundenorientierung«, »Kundenbegeisterung« und was nicht alles. Alles »bull shit«, mit Verlaub! Vergessen Sie es! Das interessiert niemand! Auch nicht, wenn alle heucheln, wie wichtig das doch sei!

Alle Telefone werden mit 85 % nach dem dritten Klingelton bedient, das ist ein Wert! Das kapiert auch Ihre Mannschaft! Kundenorientierung und Kundenbegeisterung entstehen quasi automatisch. Und wenn jetzt noch die Lieferfähigkeit stimmt, die Prozessabläufe so sind, dass das Telefonat kurz, prägnant, höflich ablaufen kann - ja, dann haben Sie richtig zufriedene Kunden.

Im übrigen sind Sie gerade auf dem allerbesten Weg, ein absolutes Spitzenunternehmen zu werden!

Wenn Ihre Kunden von Ihnen begeistert sind, dann wollen Sie mehr von Ihnen. Der Marktanteil wird steigen. Das können Sie gar nicht verhindern. Zunächst moderat, aber mit sich beschleunigender Tendenz. Wenn Sie dranbleiben! Das schaffen Sie aber nur, weil Sie nicht mehr alle und jeden bedienen, sondern nur noch bestimmte Marktsegmente, deren Erfolgsfaktoren Sie ganz genau kennen! Weil Sie nur noch ein Segment bedienen, können Sie Ihre Komplexität reduzieren. Da fällt einfach vieles früher oder später durch den Rost und Sie bauen Komplexitätskosten ab. Das hilft der Umsatzrendite ungemein und Sie werden, da Sie sich auf »Ihre« Kundensegmente eingestellt haben, zunehmend als absolut kompetenter Top-Lieferant empfunden, dem man eine Preiserhöhung durchaus auch mal bewilligt. Es gibt einfach keinen besseren! Mit der schönen Folge, dass auch Ihr Rohertrag steigt!

So einfach ist es, aus einer normalen Unternehmung ein »Spitzenunternehmen« zu machen. Mit allem, was dazugehört. Aber dazu gehört in erster Linie ein Unternehmer, der sagt: Ich habe verstanden! Ich will!

Mit diesem Buch lernen Sie wahrscheinlich eine völlig andere Philosophie der Unternehmensführung kennen, als Sie sie bislang kannten.

Diese Denke in Spitzenleistungen ist ein ganzheitlicher Ansatz, der nur ein Ziel hat: Mit Ihrem Unternehmen - ausgehend von einer kerngesunden Grundsubstanz (dem Kern-Marktsegment), die Ihr Können belegt, schrittweise zu einer Dynamisierung zu finden, die Sie zu ganz neuen Höhen treibt. Indem eine einmal erarbeitete, als richtig empfundene strategische Stoßrichtung sukzessive optimiert und ausgebaut wird, bis der Abstand zu Ihren Wettbewerbern so groß ist, dass die sagen: Die machen es richtig! Schau, die haben es geschafft! Das hätten wir auch gekonnt, wenn nicht ...! Sie wissen, was ich meine!

Wenn Sie keine gravierenden Fehler machen, werden Sie Ihren Abstand laufend weiter ausbauen und miterleben, wie der eine oder andere Wettbewerber in Ihrem Segment früher oder später zum Verkauf steht, aufgibt oder Insolvenz anmelden muss. Sie verdrängen ihn, den Mittelmäßigen. Das lässt sich nicht mehr verhindern! Eine solche Perspektive hat doch was. Jetzt geht es nur noch darum, wer in Ihrer Branche mit dem Spiel beginnt? Sind Sie es? Oder der liebe Wettbewerb, der gerade einen neuen CEO bekommen hat, der zeigen will, was er kann? Hier entscheidet sich, ob Sie künftig der Jäger sind oder der Gejagte! Mir gefällt Jäger viel besser - der Gedanke »Gejagter« flößt mir Angst und Schrecken ein. Ich nehme an, Ihnen geht es auch so!

3h) SCHRITT 5: FÜHRUNGSTEAM UND TÄGLICHE VERBESSERUNGEN

Sie kennen den Vers:

> *Geschrieben ist noch nicht gelesen;*
> *Gelesen ist noch nicht verstanden;*
> *Verstanden ist noch nicht einverstanden;*
> *Einverstanden ist noch nicht umgesetzt;*
> *Umgesetzt ist noch nicht beibehalten!*

Wo stehen wir jetzt? Wenn Sie nicht lesen würden, wären Sie nicht hier angelangt. Wenn Sie nichts verstanden hätten und auch nicht einverstanden wären, wären Sie nicht bis hierher vorgedrungen!

Über die Umsetzung haben wir im vierten Schritt viel nachgedacht und den wichtigsten Hebel über messbare Ziele auf der Ebene jedes einzelnen Mitarbeiters erkannt. Das ist der Durchbruch in der Umsetzung.

Was jetzt noch fehlt, ist die Beibehaltung dessen, was Sie in den letzten Monaten mühevoll aufgebaut haben. Hier wird der Sprint zum Dauerlauf, der wiederum eine ganz andere Technik und Taktik erfordert als die Kurzstrecke. Darum soll es im fünften Schritt im Detail gehen.

Sie kennen die »Quartalsprogramme«, »Monatsaktionen«, »Tag des ...« aus der amerikanischen Management-Literatur. Hau-Ruck, mal hier, mal da! In USA geht das auch nicht anders, da kaum ein Manager länger als zwei Jahre auf demselben Posten bleibt. Aus Sicht meines Führungsverständnisses der helle Wahnsinn!

Aber diese Fehler machen wir ja Gott sei Dank hier nicht! Also geht es darum, in Ihrem Unternehmen umsichtig dafür zu sorgen, dass keine Kurzatmigkeit entsteht, sondern dass ein schöner, gleichmäßiger Laufrhythmus möglich wird, der das Gesamtunternehmen stärkt und auf lange, lange Zeit in allen seinen Teilen fit hält.

Dies setzt neben der klaren strategischen Fokussierung und einer sauber durchdachten Zielhierarchie bis hin zu jedem einzelnen Mitarbeiter, abgestimmt auf die Strukturorganisation, vor allem ein Führungsteam voraus, das sich untereinander exzellent versteht sowie Führungskräfte, die produktiv zusammenarbeiten!

Schöne, heile Welt! Aber wie schaffe ich das? Wie komme ich zu dieser produktiven Zusammenarbeit mit meinem »Top-Team«? Es sind doch Glücksfälle, wenn das so funktioniert. Die absolute Ausnahme!

Richtig. Leider ist das so! Dabei ist auch das gar nicht so wahnsinnig schwierig. Es erfordert klare Linien und einen Unternehmer, der umsetzt, was er liest und womit er einverstanden ist!

Wieder beginnt alles mit einer Trivialerkenntnis: Glauben Sie, Ihr Unternehmen kommt zur Spitzenleistung, wenn Ihre Top-Führungscrew mit Mittelmaß zufrieden ist? Sie glauben es nicht und ich auch nicht! Damit wir uns nicht falsch verstehen: Das heißt nicht, dass Sie jetzt alle entlassen müssen, nur weil sie heute Mittelmaß produzieren. Ganz und gar nicht! Es geht »nur« um die mentale Bereitschaft, wenn es darauf ankommt, Spitzenleistung bieten zu wollen - mehr nicht! Das hat bisher keine Rolle gespielt, jetzt schon. Also müssen Sie es herausfinden.

Sehr gute Erfahrungen habe ich mit Aktivitäten im sportlichen Freizeitbereich gemacht, gerne auch »Outdoor« genannt: Drei Tage Klettern, Wandern, Mountain-Biking, Rafting, Canyoning. Da lernt man »seine Pappenheimer« ganz gut kennen! Können die sich überwinden und Grenzen überschreiten? Ist ein gesunder sportlicher Ehrgeiz zu erkennen? Hilft der eine auch mal dem anderen? Anfangs habe ich auch gedacht, das hätte alles nichts mit Umsatz und Ertrag zu tun. Bis ich gemerkt habe, dass genau die, die positiv bei diesen Dingen auf der Klettertour aufgefallen sind, auch im Büro zu den zuverlässigsten Leistungsträgern gehören, auf die ich mich verlassen kann. Das ist kein Zufall. Hier stecken Persönlichkeiten dahinter, die »Leadership« sozusagen mit der Muttermilch aufgesogen haben, nur hat offenbar noch keiner den Versuch unternommen, dieses schlummernde Talent zu wecken. Bei einer solchen Gelegenheit passiert es dann!

Natürlich ist das für Sie wieder ein Schritt in unbekanntes Gelände. Und natürlich ist das auch wieder unbequem für Sie. Drei Tage in den Bergen herumzukraxeln, im Biwak übernachten usw. Aber ich kenne bislang keine bessere Methode, um einigermaßen treffsicher erkennen zu können, mit wem ich es in meinem Top-Team zu tun habe.

Jetzt haben Sie schon so viel mitgemacht - darauf kommt es jetzt auch nicht mehr an! Nur ein Ratschlag: Suchen Sie sich einen Veranstalter, der viel Erfahrung mit solchen Events hat. Denn es soll ja bei aller Anstrengung Spaß machen und lehrreich sein für alle Beteiligten.

Haben Sie die richtige Truppe beieinander? Also eine, die nicht gleich jammert, wenn es mal ein bisschen enger wird? Die bereit ist, sich für die Aufgabe im Unternehmen voll zu engagieren? Dann können Sie sich wirklich glücklich schätzen! Wenn Sie Zweifel haben, sollten Sie damit beginnen, ganz langsam über Alternativen nachzudenken.

Jetzt gehen wir davon aus, dass es passt. Dann brauchen Sie trotzdem ein gemeinsames Wertesystem. Einen Kodex, der mit wenigen Worten klärt, wie Ihr Unternehmen geführt werden soll. Warum ist das so wichtig? Jetzt haben wir doch eine Strategie, eine Strukturorganisation und Ziele bis zum letzten Mitarbeiter. Ja reicht das denn nicht?

So ist es: Es reicht noch nicht! Weil eine Firma auf Dauer nur Spitzenleistungen erbringt, wenn sich die Führungskräfte vertrauen und wertschätzen. Nur dann kann sich jeder Einzelne auf seine Aufgabe konzentrieren, statt auf Spielchen, Tricksereien, Intrigen und Geschleime!

Stellen Sie sich jetzt ganz bewusst vor, was jeder Ihrer Top-Leute allein im stillen Kämmerlein über Sie und über die Kollegen denkt. Was sagt er, wenn noch ein oder zwei Kollegen mit dabei sind? Überwiegt die Wertschätzung für die anderen oder kommt eventuell Verachtung zum Ausdruck? Was meinen Sie?

Geben wir uns keinen Illusionen hin, wir werden es nie schaffen, dass alle über jeden voll Hochachtung reden oder denken. Das muss auch gar nicht sein. Aber so eine Art Grundrespekt benötigen wir schon, weil Ihr Top-Team wahrscheinlich pro Woche länger in der Firma weilt als zu Hause bei der Familie! Wenn dann kein Grundkonsens herrscht, wird diese Zeit in der Firma zur Qual - mit allem, was dazugehört: Hörsturz, Herzinfarkt, Bandscheibenvorfall usw.

Es geht also darum, gemeinsam mit Ihrem Top-Team festzulegen, welche Werte erfüllt werden sollen, damit sie sich wechselseitig vertrauen und wertschätzen. Das ist ein Prozess - in der Regel ein Workshop mit Moderation - bei dem solche Werte definiert werden.

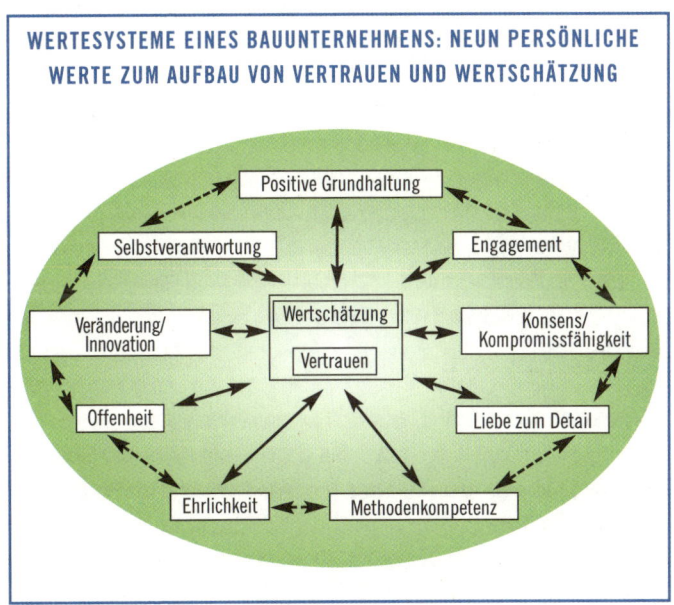

WERTESYSTEME EINES BAUUNTERNEHMENS: NEUN PERSÖNLICHE WERTE ZUM AUFBAU VON VERTRAUEN UND WERTSCHÄTZUNG

Bei uns im Unternehmen gehören zu Vertrauen und Wertschätzung Werte wie Offenheit, Klarheit, Methodenkenntnis, Konsensfähigkeit usw. Jedes Team muss seine eigenen Werte finden. Auch hier gibt es kein Patentrezept. Aber diese Werte müssen festgelegt werden, vielleicht sechs oder acht, maximal zehn Werte. Das passt dann schon.

Liegen die Begriffe als Schlagworte fest, müssen sie ausformuliert werden. Was heißt »Offenheit«? Bei uns etwa so: »Wir brauchen Mitarbeiter, die offen miteinander umgehen. Wir legen unsere Erwartungen dar und wollen die jeweiligen Anliegen und Standpunkte transparent dargestellt sehen. Voraussetzung ist eine klare Meinung und ein hohes Einfühlungsvermögen in die Situation des jeweiligen Partners«. So werden alle Werte ausformuliert und anschließend zusammen redigiert.

Das war die Vorarbeit. Bis hierher ist es jedoch nur ein schönes Stück Papier, so wie eine sauber formulierte Strategie ohne passende Organisation und ohne ehrgeizige Ziele. So bleibt noch alles beim Alten! Es sei denn, Sie erklären diese Werte für verbindlich, indem Sie Ihre Beurteilungssysteme - neben den Zielen - auch durch eine verhaltensseitige Beurteilung auf diese Werten exakt abstützen. Verhält sich Ihre Führungskraft bzw. Ihr Mitarbeiter konform zu den Werten oder nicht? Soviel Transparenz muss sein! Wir bewerten sogar Sitzungen am Ende, ob sie im Sinne des Wertesystems gut waren oder weniger gut. Haben wir uns nach unseren eigenen Werten verhalten? Wenn das offen kommuniziert und diskutiert wird - durch eine anonyme Bewertung - dann entwickelt sich nach und nach so etwas wie eine Unternehmenskultur. Dann wird es konkret und erlebbar. Sonst bleibt es graue Theorie!

Dieser letzte fünfte Schritt hat Zeit. Sie sollten nichts überstürzen und schon gar nicht beginnen, bevor die anderen vier Schritte nicht halbwegs verdaut sind. Gehen Sie das Thema in Ruhe und mit Bedacht an. Es wird Ihrer Führungscrew zu einer deutlich gesteigerten Leistungsfähigkeit und Produktivität verhelfen. Doch zuerst müssen die »Basics« unter Kontrolle sein. Ja, damit sind wir durch!

Sie brauchen nicht mehr und nicht weniger, um auch aus Ihrem Unternehmen eine Spitzenfirma zu machen. Mit allem was dazugehört! Methodisch - konzeptionell ist jetzt sozusagen »alles im Griff«. Jetzt muss alles nur angewendet und konsequent beibehalten werden.

Darum soll es jetzt noch gehen. Denn auch das Beibehalten ist eine Kunst, die gelernt werden will. Beginnen wir mit den einfachen Dingen!

Verfolgen Sie persönlich immer wieder die Einhaltung der Ziele auf der Ebene der Mitarbeiter. Wenn Sie die Ziele visualisieren und jede Einheit ihr »Schwarzes Brett« hat, genügt ein Rundgang, eine Werksbesichtigung oder ein Besuch in der Filiale, um zu sehen, wo Ihre Mannschaft steht. Geben Sie Feedback - Lob und Kritik. Diskutieren Sie die Ergebnisse mit Ihren Leuten. Sie werden eine Menge lernen, worauf es hier oder da ankommt, was Sie sonst nie erfahren hätten! Und was Ihre Mitarbeiter vor Einführung des »T.O.S.«-Prozesses auch nicht wussten.

Lassen Sie sich auch »Zielkontrollblätter« - so heißen die »Formulare« bei uns - per Mail schicken. Zeigen Sie persönliches Interesse für diese Dinge! Nichts motiviert mehr. Vor allem dann, wenn es Gründe für Lob und Anerkennung gibt. Und die gibt es sehr viel häufiger als Anlässe für Tadel. So entsteht eine Leistungskultur, die sich wohltuend unterscheidet von Personenkult, wo der Chef nur noch zu hören bekommt, was er gern hört, wo geschleimt wird ohne Ende und Beförderungen nach Gutsherrenart erfolgen, orientiert am subjektiven Gefallen oder Nichtgefallen, statt nach bewiesener Leistung der Mitarbeiter. Ohne eine klar auf Leistung fixierte Kultur ist die Erzielung von Spitzenleistungen nicht denkbar. Die Zeiten des »Laissez Faire« sind leider vorbei.

Natürlich gehört es zur Routine jeder Sitzung, dass die relevanten Zielwerte und deren Entwicklungsrichtung auf oberster Führungsebene in Zeitverläufen betrachtet werden. Nicht besonders zu erwähnen ist, dass der Zielvereinbarungsprozess jedes Jahr - beginnend im September - aufs Neue startet, um festzulegen, welche Anstrengungen im nächsten Jahr erforderlich sein werden, um die Ziele zu erreichen. Hier definieren Sie Schlendrian oder Spitzenleistung! Wobei klar sein muss: Nicht jedes Jahr wird ein Spitzenjahr sein. Das macht aber nichts, so lange die Entwicklung im Hinblick auf die vier Eingangsfragen stimmt!

Bei der Einführung des »T.O.S.«-Prozesses ist es wie im Training für den Hochsprung: Es macht überhaupt keinen Sinn, die Latte auf unrealistische Höhen zu legen. Da kommen weder Freude noch Motivation auf. Legen Sie die Latte zu Beginn ruhig etwas niedriger, damit die Abläufe spielerisch einstudiert werden können und jeder eine Chance hat. Wenn sich alle mit der Hochsprung-Technik vertraut gemacht haben und erste Trainingseffekte festzustellen sind, dann ist es an der Zeit, die Messlatte langsam nach oben zu schrauben. Dabei kommt es nicht darauf an, dies in möglichst großen Sprüngen zu tun - mit negativen Folgen für die Motivation der Mitarbeiter - sondern in wohldosierten, sehr kontinuierlichen Schritten, die gerade zu schaffen sind, wenn sich alle Mühe geben und anstrengen. An dieser Stelle noch zwei Tipps, die in der Einführungsphase von Zielsystemen größte Bedeutung haben:

> Wählen Sie Leistungsgrößen, die Sie in sehr kurzen Zeitabständen messen können und messen Sie diese auch! Je kürzer, umso eher erreicht die Mitarbeiter das Feedback: sehr gut, gut, weniger gut, schlecht.

In einer Montage können Sie durchaus die Stückzahl pro Stunde messen lassen, welche Ausbringung also erreicht wird gegenüber dem Soll. Denn dann leiten Sie die Mitarbeiter direkt dazu an, darüber nachzudenken, was in dieser Stunde passiert ist - warum es geklappt hat oder eben nicht. Dann die nächste Stunde: Aha, schon besser - oder auch nicht. Das ist sehr wichtig! Damit kommt »richtig Druck aufs System«. Ohne den wird es keine Spitzenleistung geben.

Wenn die Kultur einmal vorhanden ist, reicht es aus, pro Tag zu messen. An anderen Stellen pro Woche oder pro Monat. Die Regel heißt:

Je unreifer der Prozess, umso zeitnaher die Messungen mit voller Transparenz sowie Zeit und Spielraum zur Diskussion der Resultate.

> ▶ Das Zweite, was in der Einführung zu beachten ist: Sie werden feststellen, dass die Prozesse in wenigen Monaten gewaltige Fortschritte in ihrer Leistungsfähigkeit machen. Die 80/20-Regel gilt auch hier. Wenn Sie nun Ziele mit zu langem Zeithorizont gesetzt haben, etwa ein Jahr, ist die Gefahr riesengroß, dass das Zielniveau sehr schnell erreicht wird und danach wieder der alte Schlendrian einzieht, jetzt allerdings auf höherem Niveau.

Für Spitzenleistungen ist es entscheidend, immer wieder eine herausfordernde »Challenge« vor sich zu haben: anspruchsvoll, aber machbar. Dies ist auf Jahresfrist oft nicht zu machen. Deshalb sollten Etappen definiert werden, mit der Möglichkeit, unterjährig nachzusteuern. Es ist eine der Hauptaufgaben von Führungskräften, hier stets dosierten Druck wirken zu lassen.

Was aber tun wir, wenn die Ziele, die wir uns vorgenommen haben, nicht erreicht werden? Das ist die Stunde des »BASICON«. Sie erinnern sich, in Kapitel 2? Probleme lösen? Ja, genau. Jetzt heißt es, Probleme ganz gezielt zu analysieren. Fünf Mal warum! Und nach Alternativen suchen, wie die Probleme gelöst werden können. Dann heißt es entscheiden, umsetzen usw. Sie können das jetzt!

Sie sorgen als Unternehmer dafür, dass die Methodik eingehalten wird, aber es liegt in der Verantwortung Ihrer Führungskräfte, die Dinge wieder ins Lot zu bringen. Auch so entsteht natürlich Vertrauen und Wertschätzung: Wenn die Ziele überwiegend eingehalten werden und Korrekturen gegebenenfalls sogar selbständig eingeleitet werden, ohne dass sich übergeordnete Instanzen einschalten müssen. Das sind die Führungskräfte, die eine Firma mit Spitzenleistungen dringend braucht. Dort, wo Sie als Chef dauernd selbst eingreifen müssen, entstehen Misstrauen und schlechte Stimmung.

Blicken Sie einmal zwei oder drei Jahre nach Ihrer Klettertour zurück. Wer ist Ihnen wie in Erinnerung? War Ihr Eindruck richtig? Wer ist heute überhaupt noch von den damaligen Bergsteigern da?

Ein Thema haben wir bislang noch völlig unterschlagen, das an dieser Stelle aber nicht vergessen werden darf: Es geht um die leistungsbezogene Bezahlung! Oft kontrovers diskutiert und oft schlecht umgesetzt.

Hier einige Hinweise: An messbaren Zielen ausgerichtete Bezahlung in jedem Fall: Ja! Je höher der Mitarbeiter in der Hierarchie, umso höher der Anteil. Bei uns sind es auf Top-Ebene 30 bis 35 % des Jahreseinkommens, auf Mitarbeiterebene rund 10 %. Wichtig: Die Prämie ist nicht das Ergebnis irgendwelcher »Verhandlungen«, sondern sie resultiert aus einer schlüssigen mathematischen Formel: »Ziel 1 x Gewichtungsfaktor x Erfüllungsgrad + Ziel 2 x ...« Diese Berechnung ergibt die effektive Prämie. Alles andere ist schlecht für die Leistungskultur.

Was wir aber auch schon getan haben: Wir haben während eines Jahres Zielkorrekturen vorgenommen, also Ziele abgesenkt, wenn Umstände eingetreten sind, die nicht vorhersehbar waren. Aber dann haben die Formeln wieder gegriffen - auf eine andere Zielgröße eben!

Also: Leistungsbezogene Vergütung ja - aber in jedem Fall hinterlegt mit harten Zahlen und Berechnungsformeln. Sonst gerät das ganze System schnell aus den Fugen. Zumal, wenn Prämien bei ihrer Einführung »on top« gezahlt werden. Dann muss das »on top« natürlich auch erwirtschaftet werden, sonst legt die Firma drauf. Und das wäre das falsche Verständnis von leistungsorientierten Vergütungssystemen.

Noch eines zur Einführung: Wenn es Ihnen nicht gelingt - aus welchen Gründen auch immer - feste Gehaltsbestandteile zu variabilisieren, steigen Sie moderat in das System ein. 10 % sind besser als nichts. Dann auf 15, 20, 30 % steigern, statt gleich den großen Sprung wagen. Der ist oft für beide Seiten riskant, für Mitarbeiter und Unternehmen.

Bei 30 bis max. 40 % sollte nach meiner Erfahrung Schluss sein, sonst besteht die Gefahr der Datenmanipulation. Die Versuchung ist groß, die Ergebnisse »hinzudrehen«. Immerhin geht es dann um ziemlich viel Geld. Ein vernünftiger Rahmen tut Ihnen und Ihren Mitarbeitern gut.

Teil 3 des Selbst-Audits »Spitzenleistung«

► Ist klar und eindeutig festgelegt, ob das Unternehmen Preis- oder Leistungsführer sein soll?

► Sind die Wettbewerbs-Arenen klar beschrieben, in denen das Unternehmen agieren will?

► Sind die jeweiligen Wettbewerber klar identifiziert und sind deren Stärken und Schwächen bekannt?

► Ist klar, wodurch sich Ihr Unternehmen nachhaltig positiv von Wettbewerbern differenzieren soll? Preis und/oder Leistung?

► Sind die wesentlichen Säulen der strategischen Wettbewerbs- differenzierungen beschrieben und finden diese Eingang ins operative Geschäft?

► Sind abgeleitet aus den Strategie-Säulen Prozesse im Unternehmen verankert und entsprechend besetzt, die für die Umsetzung der Strategie verantwortlich zeichnen können bzw. müssen?

► Stimmen Messbarkeit, Verantwortung und Entscheidungskompetenzen in der Ausgestaltung der Struktur-Organisation überein?

► Gibt es Gremien oder Standard-Sitzungen zur Beherrschung von Zielkonflikten, die dem Zielausgleich dienen?

► Fördern die Organisationsstrukturen die Teamarbeit zwischen Bereichen/Prozessverantwortlichen oder behindern diese mehr?

► Sind für alle Führungskräfte eindeutige Zielparameter definiert?

► Bis zu welcher Führungs- bzw. Mitarbeiterebene sind diese Ziele »heruntergebrochen«?

► Passt das Vergütungssystem zur Philosophie »Führen mit Zielen«?

► Wurde ein durchgängiges Wertesystem für das Unternehmen definiert?

► Wie wird das Wertesystem in der Praxis umgesetzt und gelebt?

4. »HELIX«: DIE ERFOLGSSPIRALE - SICH SELBST TREIBENDE DYNAMIK

Wenn Sie diesem Buch bis hierher gefolgt sind, haben Sie zwei von drei entscheidenden Prozessen in Ihrem Unternehmen etabliert: Es gelingt Ihnen nun, aufkommende Probleme effektiv zu lösen und Sie haben Ihr Unternehmen insgesamt auf Spitzenleistung ausgerichtet.

Dennoch ist dies keine zwingende Gewähr, das Sie unsere vier Ausgangsfragen langfristig, also über Jahre, wenn nicht sogar Jahrzehnte, mit »Ja« beantworten können! Das ist letzten Endes die Kunst. Ein Unternehmen kurzfristig auf Ertragshöhen zu treiben, um es bald darauf zusammenklappen zu sehen, ist keine Kunst! Wir können täglich in der Wirtschaftspresse lesen, wie diese »Helden« kommen und gehen.

Die Kunst besteht darin, lange im Sinne der vier Ausgangsfragen auf Erfolgskurs zu bleiben. Das ist ein ganzes Stück schwieriger, zumal in

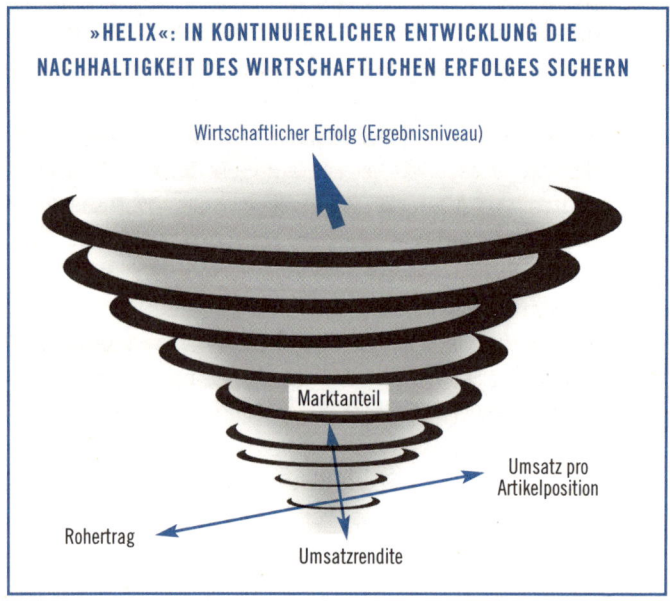

»HELIX«: IN KONTINUIERLICHER ENTWICKLUNG DIE NACHHALTIGKEIT DES WIRTSCHAFTLICHEN ERFOLGES SICHERN

Wirtschaftlicher Erfolg (Ergebnisniveau)

Marktanteil

Umsatz pro Artikelposition

Rohertrag

Umsatzrendite

konjunkturell schwierigen Zeiten. Deshalb soll hier anhand der unternehmerischen Erfolgsspirale (»HELIX«) der Gesamtzusammenhang aufgezeigt werden, welche Grundvoraussetzungen strategisch, organisatorisch und technisch erfüllt sein müssen, um über lange Zeiträume hinweg ein immer höheres Ergebnisniveau realisieren zu können. An dieser Stelle sei auch nochmals methodisch erläutert, weshalb speziell die Ausführungen zur Strategie allerhöchste Bedeutung in Bezug auf das Ergebnisniveau haben.

Um die Funktionsweise der Erfolgsspirale zu erklären, beginnen wir mit der organisatorischen Produktivität: Sie kann allgemein beschrieben werden mit dem bekannten S-Kurven-Konzept, das nichts anderes darstellt als das »Gesetz des abnehmenden Grenzertrags« aus der Volkswirtschaftslehre. Hinter diesem Konzept verbirgt sich die Erkenntnis, dass Ressourceneinsatz und (Output-)Leistung in einem bestimmten Verhältnis zueinander stehen. Es gibt Bereiche, in denen bringen geringe Zusatzressourcen hohe Leistungssteigerungen, und es gibt Bereiche, in denen ein deutlich höherer Ressourceneinsatz kaum Leistungssteigerungen bewirkt. Messgrößen sind die Produktivitäten.

Ziel weitsichtiger Unternehmensführung muss demzufolge sein, stets akribisch darauf zu achten, dass die Produktivitäten, insbesondere im Hinblick auf die Personalkosten, aber auch auf Sachmittel und Investitionen, im Langfristtrend insgesamt kontinuierlich steigen.

So messen wir die Personalproduktivität als Wertschöpfung in Relation zu den eingesetzten Personalkosten inklusive aller Nebenkosten. Steigt die Wertschöpfung schneller als die Personalkosten wachsen, steigt die Produktivität entsprechend an! Wir wissen heute in unserem konkreten Fall, dass wir unsere Mindestverzinsung nicht mehr verdienen, wenn die Personalkosten über 45 % der Wertschöpfung betragen!

Also tun wir gut daran, diesen Indikator laufend zu prüfen und seine Werte durch gezielte Maßnahmen (Hereinnahme von Wertschöpfung,

Flexibilisierung von Personalkosten durch Ab- und Aufbau befristeter Verträge, Personal-Leasing, ergebnisbezogene Vergütungsmodelle) im Korridor zu halten. Die Produktivität muss nicht dramatisch steigen, sondern sie muss sich konstant in Richtung auf unter 40 % entwickeln.

Dieselben Kennzahlen empfehlen sich für die Gemeinkosten, zum Teil sogar aufgegliedert nach Kostenarten. Und auch in Bezug auf Investitionen - wieder im Verhältnis zur Personalproduktivität.

Erkennen Sie Produktivitätssteigerungen - ist dies eine der wichtigsten Voraussetzungen, damit Ihre Erfolgsspirale in Gang kommt. Ohne nachhaltige Produktivitätssteigerungen werden Sie keine langfristigen Ergebnissteigerungen realisieren. Soviel ist klar. Insofern ist im Zielbildungsprozess darauf zu achten, dass neben anderen Zielen immer auch Produktivitätsziele pro Organisationseinheit verankert sind.

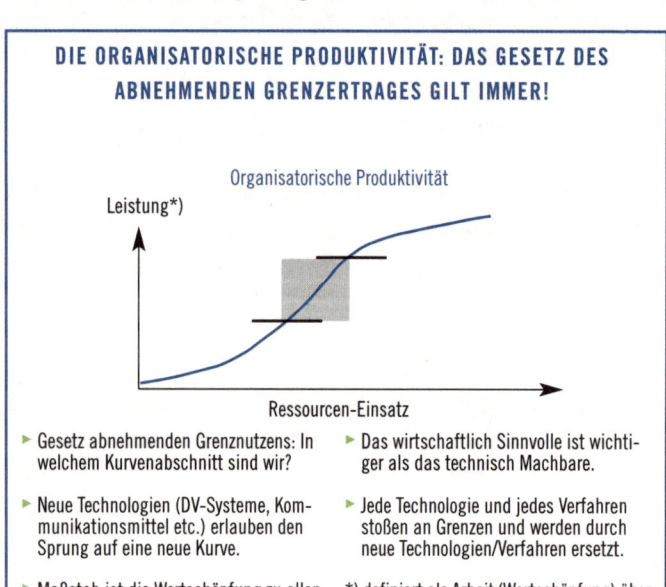

DIE ORGANISATORISCHE PRODUKTIVITÄT: DAS GESETZ DES ABNEHMENDEN GRENZERTRAGES GILT IMMER!

Organisatorische Produktivität

Leistung*)

Ressourcen-Einsatz

▶ Gesetz abnehmenden Grenznutzens: In welchem Kurvenabschnitt sind wir?

▶ Neue Technologien (DV-Systeme, Kommunikationsmittel etc.) erlauben den Sprung auf eine neue Kurve.

▶ Maßstab ist die Wertschöpfung zu allen Kostenarten.

▶ Das wirtschaftlich Sinnvolle ist wichtiger als das technisch Machbare.

▶ Jede Technologie und jedes Verfahren stoßen an Grenzen und werden durch neue Technologien/Verfahren ersetzt.

*) definiert als Arbeit (Wertschöpfung) über Zeit

Damit sind wir bei der zweiten Erfolgskomponente für langfristiges Ertragsmanagement: Der technologischen Produktivität Ihres Unternehmens. Sie besagt, inwieweit Sie in Bezug auf die von Ihnen angebotenen Produkte und Dienstleistungen wettbewerbsfähiger sind als Ihre Hauptwettbewerber: Wo stehen Sie in der Preis-/Leistungspositionierung gegenüber Ihren Hauptwettbewerbern pro Produkt?

Das ist nicht immer ganz einfach zu ermitteln, insbesondere bezüglich der Positionierung auf der Leistungsachse. Aber hier helfen die Analysen der kaufentscheidenden Faktoren aus Kapitel 2 weiter: Was haben Ihre Kunden gesagt, als Sie gefragt haben, nach welchen Kriterien Sie Pumpen, Autos, Handys oder Fluggesellschaften beurteilen?

Das sind genau die Maßstäbe, an denen Sie sich täglich gegen Ihre Wettbewerber messen lassen müssen! Nur werden Sie leider viel zu

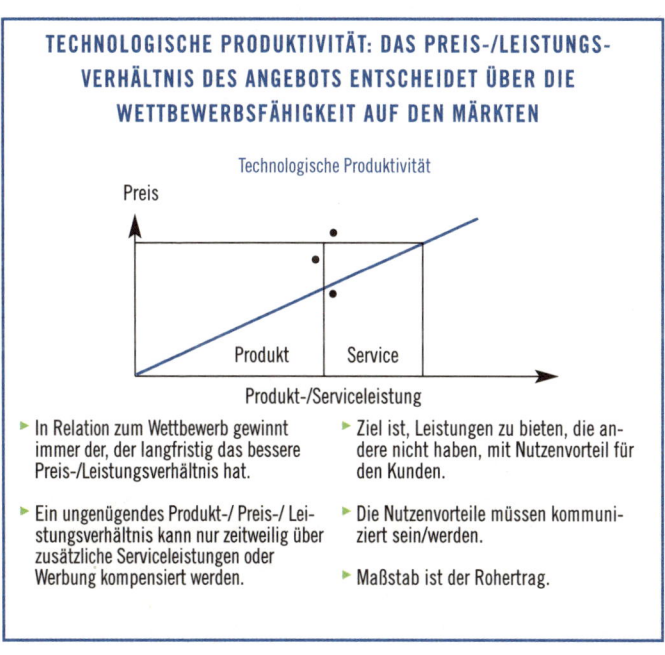

TECHNOLOGISCHE PRODUKTIVITÄT: DAS PREIS-/LEISTUNGS-VERHÄLTNIS DES ANGEBOTS ENTSCHEIDET ÜBER DIE WETTBEWERBSFÄHIGKEIT AUF DEN MÄRKTEN

Technologische Produktivität

Preis

Produkt   Service

Produkt-/Serviceleistung

▸ In Relation zum Wettbewerb gewinnt immer der, der langfristig das bessere Preis-/Leistungsverhältnis hat.

▸ Ein ungenügendes Produkt-/ Preis-/ Leistungsverhältnis kann nur zeitweilig über zusätzliche Serviceleistungen oder Werbung kompensiert werden.

▸ Ziel ist, Leistungen zu bieten, die andere nicht haben, mit Nutzenvorteil für den Kunden.

▸ Die Nutzenvorteile müssen kommuniziert sein/werden.

▸ Maßstab ist der Rohertrag.

selten auch wirklich gemessen. Dies ist bedauerlich, da zumindest Ihr Vertrieb täglich über die Preise der Wettbewerber und über deren Rabatte debattiert. Also heißt es auch hier, Maßstäbe suchen und finden, an denen die technologische Produktivität Ihres Unternehmens gemessen werden kann, ausgedrückt als Preis-/Leistungspositionierung Ihrer Produkte gegen die Ihrer Wettbewerber in relevanten Märkten. Jeweils separat betrachtet pro Produktgruppe oder Service-Angebot.

Je besser Ihr Preis-/Leistungsverhältnis gegenüber Wettbewerbern ist, umso höher Ihre diesbezügliche Produktivität! Ihnen gelingt es offenbar, zum selben Preis das bessere Produkt anzubieten oder dasselbe Produkt preislich deutlich günstiger zu verkaufen. Die Richtung stimmt! Schaffen Sie das nicht, sind wir wieder bei der alten Diskussion: »Spitzenleistung« ja oder nein. Die Zusammenhänge sind inzwischen klar.

Damit sind wir bei der dritten Erfolgskomponente, um auch in Ihrem Unternehmen die Erfolgsspirale auszulösen. Hierbei handelt es sich um die »Markenproduktivität«, die klassische Preis-/Absatzfunktion.

Zu einem bestimmten Preis lässt sich eine bestimmte Menge absetzen. Steigt der Preis, sinkt unter normalen Marktbedingungen die Menge und vice versa: Sinkt der Preis, steigt sie. Das haben alle verstanden und schrauben kräftig an der Preis-/Absatzkurve, meist allerdings ohne die anderen Produktivitäten im Griff zu haben. Mit der Folge, dass Preisanpassungen im Regelfall massive Ergebniseinbußen nach sich ziehen mit erheblichen Konsequenzen für Rohertrag und Umsatzrendite. Also, genau das Gegenteil von dem, was eigentlich bezweckt wird!

Eine effektive Ergebnisverbesserung werden Sie hier nur dadurch erreichen, dass es Ihnen gelingt, die Preis-/Absatzfunktion insgesamt zu verschieben. Das heißt, dass bei gegebenem Preis deutlich mehr Kunden bei Ihnen kaufen als bisher. Dahinter verbirgt sich letztlich der Wert Ihrer Marke, also Ihr »guter Name«. Dieser Wert wird sich nur steigern lassen, wenn es Ihnen gelingt, die Erwartungshaltungen Ihrer

Kunden exakt zu erfüllen. Nur dann entsteht so etwas wie Kundenbegeisterung und langfristige Kundenbindung.

Wenn Sie immer nur auf derselben Preis-/Absatzkurve rauf oder runter »reiten«, entsteht so etwas nicht! Also, muss es darum gehen, die
Position der Kurve zu Ihren Gunsten zu verschieben. Dies erfordert eine eindeutige strategische Positionierung Ihres Angebots. Mit Univer-
salprodukten für den Massenmarkt ohne Differenzierungsmöglichkeit
gelingt das nicht. Dann liegt Ihr Hebel ausschließlich in der organisatorischen Produktivität!

Welche Maßnahmen die Markenproduktivität sonst noch beeinflussen
können, soll hier bewusst nicht vertieft werden, da auch dies - wie alle
anderen drei Hebel - jeweils wieder eine eigene Fachwissenschaft für
sich darstellt. Grafisch lassen sich die Zusammenhänge in Bezug auf
die Markenproduktivität wie folgt darstellen:

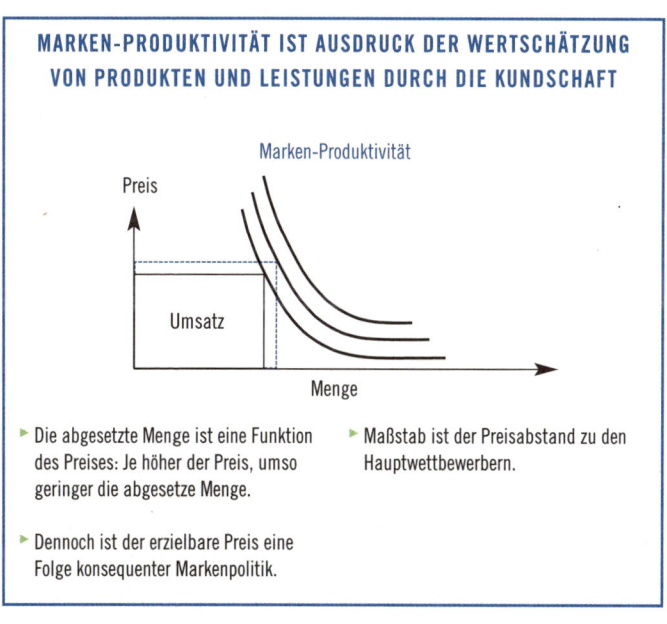

**MARKEN-PRODUKTIVITÄT IST AUSDRUCK DER WERTSCHÄTZUNG
VON PRODUKTEN UND LEISTUNGEN DURCH DIE KUNDSCHAFT**

Marken-Produktivität

Preis

Umsatz

Menge

▶ Die abgesetzte Menge ist eine Funktion
des Preises: Je höher der Preis, umso
geringer die abgesetzte Menge.

▶ Maßstab ist der Preisabstand zu den
Hauptwettbewerbern.

▶ Dennoch ist der erzielbare Preis eine
Folge konsequenter Markenpolitik.

Damit sind wir beim vierten Hebel der Erfolgsspirale: der ökonomischen Produktivität. Sie stellt keinen Hebel im eigentlichen Sinne dar, sondern ist vielmehr das Ergebnis der Wirkungsweise der drei vorgenannten Ergebnishebel - und damit natürlich auch der Wichtigste. Die ökonomische Produktivität gibt Auskunft darüber, inwieweit Input zu Output bzw. Ressourcen-Einsatz (Aufwand) zu erzielter Ausbringung (Umsatz) in angemessenem Verhältnis stehen.

Diese Produktivität muss zwingend kontinuierlich steigen, sonst funktioniert unsere Erfolgsspirale nicht! Der Gewinn als Differenz aus Umsatz und Aufwand muss kontinuierlich wachsen. Das ist die Ausgangsbasis erfolgreichen unternehmerischen Wirtschaftens! Um genau dies zu erreichen, stehen Ihnen - wie wir eben gesehen haben, insgesamt drei große, mächtige Produktivitätshebel zur Verfügung. Diese können je nach konjunktureller Situation und je nach Entwicklungsphase Ihres Unternehmens alle gleichzeitig wirken - mit entsprechenden Sprüngen in der ökonomischen Produktivität oder einer Teilproduktivität. Aber in jedem Fall muss eine Produktivitätssteigerung sichtbar werden, sonst haben Sie ein Jahr in der »HELIX« verloren! Damit lassen sich die Gesamtzusammenhänge sehr gut verdeutlichen: Die ökonomische Produktivität - also der Gewinn oder Verlust - ist eine Konsequenz

> ► der organisatorischen Produktivität: Wie effizient sind die Prozesse im Unternehmen, um eine definierte Leistung zu erbringen;
> ► aus der technologischen Produktivität: Wie wettbewerbsfähig sind wir mit unseren Leistungen im harten Marktvergleich gegenüber unseren Wettbewerbern und
> ► aus der Marken-Produktivität: Für wie gut halten uns die Kunden und gelingt es, immer mehr Kunden für unsere Produkte/ Dienstleistungen zu begeistern bzw. sie dazu zu bringen, die definierten Preise zu akzeptieren?

Die Grafik stellt den Gleichgewichtszustand dar, in dem weder Gewinne noch Verluste realisiert werden - leider heute eher der typische Fall.

GLEICHGEWICHT: ES WIRD WEDER GEWINN NOCH VERLUST GEMACHT

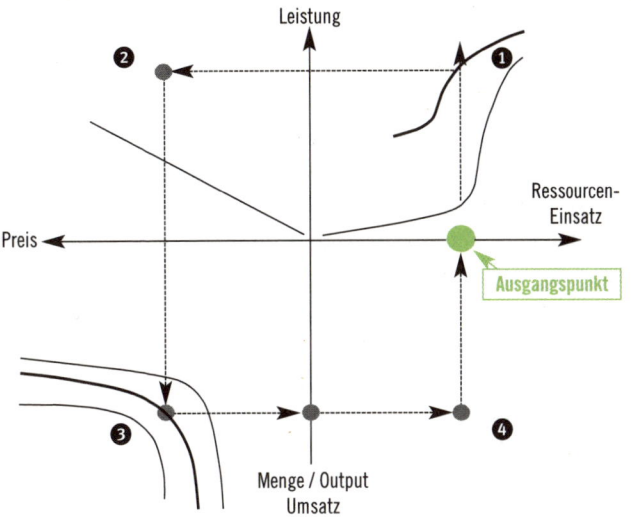

❶ Organisatorische Produktivität
Prozesse:
- ▶ Prozessoptimierung aller Art
- ▶ Fertigungsverbesserungen = Produktivitätssteigerung
- ▶ Senkung der Kosten der Nichtqualität

❷ Technologische Produktivität
= Wahrnehmung der erbrachten Leistung durch den Kunden
= Positionierung im Vergleich zum Wettbewerb

❸ Marken-Produktivität
- ▶ Einzigartigkeit des Angebots
- ▶ Standing der Marke beim Endkunden
- ▶ Bekanntheitsgrad
- ▶ Qualität der Kommunikation

❹ Ökonomische Produktivität (= Gewinn oder Verlust)

145

Anhand der vorgestellten Produktivitäten und deren Zusammenhänge lässt sich nun grafisch sehr schön erklären, wie es nur Preisführern oder Leistungsführern langfristig gelingt, wirtschaftlich wirklich erfolgreich zu arbeiten: Der Preisführer wird sich darauf konzentrieren (müssen), insbesondere laufend die organisatorische Produktivität zu erhöhen. Er wird »Lean-Konzepte« verwirklichen und »Value Engineering« betreiben, um eine definierte Leistung mit immer geringerem Ressourcen-Einsatz realisieren zu können.

Der Preisführer gewinnt, wenn er den Ressourcen-Einsatz zurückfahren kann, ohne dass sich dies auf die Preis-/Leistungspositionierung seines Angebots niederschlägt. Dann kann sich sein Gewinn erhöhen, so lange die Marke keinen Schaden nimmt, indem Fehlleistungen entstehen, die dem Markenimage schnell abträglich sind (z. B. Rückrufaktionen, Flugzeugabstürze, Unfälle). Sonst würde sich die Markenproduktivität schlagartig verschlechtern, verbunden mit einem entsprechenden Ergebniseinbruch. Die organisatorische Produktivität ist also die Königsdisziplin des Preisführers. Die beiden anderen Produktivitätshebel haben den Status wichtiger Ergänzungen.

Gelingt es dem Hersteller, seine organisatorische Produktivität sogar soweit zu optimieren, dass er im Preis bestimmte »Break Points« unterschreiten kann, wird er neue Kunden gewinnen (steigende Marktanteile) und seinen Umsatz durch Kostendegressionseffekte steigern können - mit positiven Wirkungen auf die organisatorische Produktivität.

Der Rohertrag steigt - da die Kosten schneller sinken als dies in den Preisen weitergegeben werden muss. Der Marktanteil steigt auch. Und über den steigenden Umsatz steigt in der Regel auch die Umsatzrendite. Bleibt nur noch darauf zu achten, dass die Angebotskomplexität nicht zunimmt - aber da ist der Preisführer ohnehin schon sensibel.

Und der Leistungsführer? Der Leistungsführer gewinnt dadurch, dass es ihm gelingt, die Marke laufend aufzuwerten, indem immer mehr

DIE VIER BETRIEBLICHEN PRODUKTIVITÄTEN IN DER GESAMTDARSTELLUNG:

PREISFÜHRER: DER GEWINN RESULTIERT AUS DER STEIGERUNG DER ORGANISATORISCHEN PRODUKTIVITÄT

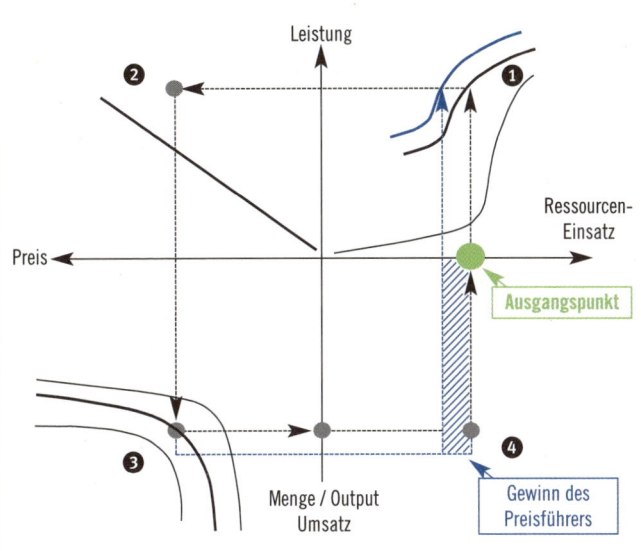

❶ Organisatorische Produktivität
► Vermeidung von Komplexität
► Vermeidung von Verschwendung jeder Art
► Verzicht auf Overhead-Kosten

❷ Technologische Produktivität

❸ Marken-Produktivität
Bei hohem Preis-/Kostenabstand zum Wettbewerb können zusätzlich neue Käufergruppen erschlossen werden, die den Umsatz steigern.

❹ Ökonomische Produktivität (= Gewinn oder Verlust)

147

Kunden angezogen werden können. Die Markenproduktivität ist die Domäne des Leistungsführers. Ist er damit erfolgreich, ist es je nach Wettbewerbssituation auch noch möglich, moderat die Preisschraube nach oben zu drehen und so einen Doppeleffekt zu erzielen. Eine Studie der Universität Erlangen-Nürnberg bestätigt die Einschätzung: »Die Zahlungsbereitschaft der Verbraucher ist höher als angenommen«.

Je nach Innovationsgrad der Darreichungsform lassen sich beispielsweise bei Mars-Riegeln Preise zwischen 0,91 € und 1,02 € erzielen, nur differenziert in der Namensgebung und in der Verpackung. Welche Preisspielräume sind dann wohl möglich, wenn das Produkt auch noch geschmacklich oder vom Gewicht her differenziert wird?

Die Studie kommt zu dem Schluss, dass fast 35 % aller Verbraucher vom Ansatz her »Hochpreiszahler« sind, deren Kaufkraft heute nur sehr ungenügend erschlossen wird! Ideale Voraussetzungen für Leistungsführer. Ihm gelingt eine nachhaltige Ergebnisverbesserung, so lange die organisatorische Produktivität nicht dramatisch sinkt. Dies könnte etwa bei überbordender Komplexität und mangelnden organisatorischen Maßnahmen zur Abfederung der Negativwirkungen geschehen.

Zusätzlich muss der Leistungsführer sehr genau beobachten, ob der Leistungsabstand in der technologischen Produktivität zwischen ihm und seinen Wettbewerbern in etwa konstant bleibt oder nicht. Sinkt er, müssen Gegenmaßnahmen zwingend eingeleitet werden, sonst lässt sich die Markenproduktivität langfristig nicht aufrecht erhalten! Auch beim Leistungsführer steigt der Rohertrag über bessere Preise in Relation zur Kostenentwicklung. Die Umsatzrendite steigt, wenn neue Kunden hinzugenommen werden können und der Marktanteil über das wettbewerbsfähigere Angebot gegenüber der Konkurrenz wächst.

Nehmen wir nun den »Normalfall« eines klassischen Unternehmers in der »Mittelmaßfalle«: Was tut der Ärmste? Mit großer Wahrscheinlichkeit gehört Ihr Unternehmen auch dazu? Ja, was tun Sie?

DIE VIER BETRIEBLICHEN PRODUKTIVITÄTEN IN DER GESAMTDARSTELLUNG:

LEISTUNGSFÜHRER: DER GEWINN RESULTIERT AUS HÖHEREN PREISEN UND AUS DEM AUSBAU DER LEISTUNGSPOSITIONIERUNG GEGENÜBER DEM WETTBEWERB

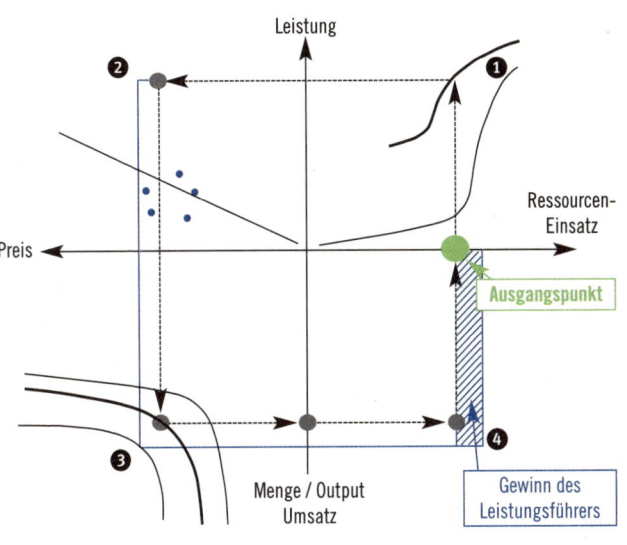

❶ Organisatorische Produktivität

❷ Technologische Produktivität
Durch exzellente Leistung gelingt es, Preisspielräume auszuschöpfen und sich gegenüber dem Wettbewerb am Markt abzuheben.

❸ Marken-Produktivität
Die gute Leistung schafft Bekanntheit und Image. Die Preis-/Absatzfunktion verschiebt sich zu Gunsten des Leistungsführers, Mund-Propaganda sorgt für zusätzlichen Mengenschub.

❹ Ökonomische Produktivität (= Gewinn oder Verlust)

Klar sind zwei Dinge: Ihre Kosten steigen - das können Sie nicht verhindern, Inflation hin oder her: Löhne, Energie, Transport, Rohstoffe, Versicherungsprämien, Mieten und was auch immer. Angesichts des Hyperwettbewerbs können Sie die (Netto-)Preise nicht mehr erhöhen! Wenn jetzt noch konjunktureller Gegenwind aufkommt, wird es eng!

Damit die erste Frage: Steigt die Leistung Ihres Unternehmens gemäß der Kostensteigerung mit oder nicht - mindestens im selben Maße, möglichst aber schneller (organisatorische Produktivität)? Nein? Dann wird es schon schwieriger. Warum? Weil Sie eben im Regelfall (als Mittelmaß-Unternehmer) preislich keine Spielräume mehr haben - zumindest nicht mehr haben werden - um die gestiegenen Kosten auf Ihre Kunden abzuwälzen, da Sie dem Kunden als »Mittelmaß« nichts bieten, was er von anderen nicht zum selben Preis oder billiger bekäme (technologische Produktivität). Das klingt hart, ist aber die Realität!

Von dieser bitteren Erkenntnis versuchen sich viele Unternehmer durch operative Hektik abzulenken, durch Beratungsprojekte, Sonderangebote, Aktionen, Incentives usw. Trotz allem aber kommen Sie an dieser Grundregel nicht vorbei! Auch, wenn am Niedergang der Gewinne wieder alle schuld sind - nur der Unternehmer selbst natürlich nicht!

Also bleibt Ihnen als Mittelmaß-Unternehmer bei diesen Rahmenbedingungen nur, zu akzeptieren, dass Ihr Gewinn langfristig sinkt! Wenn Sie sich aber schon der bitteren »Null-Linie« genähert haben oder womöglich schon darunter liegen, dann werden die (Mit-)Gesellschafter, die Banken, die Betriebsräte und wer sonst auch immer, nervös. Zu Recht! In vielen Fällen wird dann fleißig an der »Preis-/Absatzschraube« gedreht: Super-Sonder-Schnäppchen, Tiefstpreise und wie das alles heißt. Mit welcher Konsequenz? Dass die Mengenvorteile nur von kürzester Dauer sind, bevor der liebe Wettbewerb nachgezogen hat und alles wieder »beim Alten« ist - nur eben auf einem Preisniveau 5, 10 oder 15 % tiefer - mit katastrophalen Folgen für das Ergebnis! Grafisch sieht das Ergebnis so aus:

GESAMTDARSTELLUNG DER VIER BETRIEBLICHEN PRODUKTIVITÄTEN

UNTERNEHMEN IN DER »MITTELMASSFALLE« KÖNNEN KOSTENSTEIGERUNGEN
NICHT MEHR AUF DIE KUNDEN ABWÄLZEN. VERLUSTE SIND UNAUSWEICHLICH.

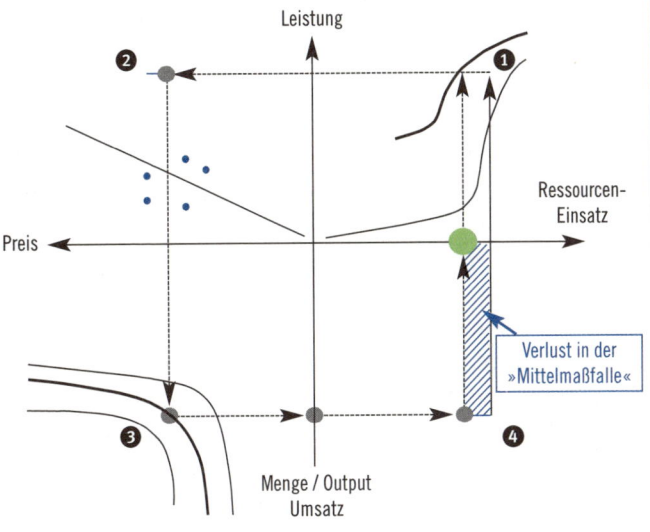

❶ Organisatorische Produktivität
Diese sinkt durch steigende Kosten im Unternehmen.

❷ Technologische Produktivität
Mangels herausragender Leistungen kann an der technologischen Preis-/Leistungs-positionierung nichts geändert werden.

❸ Marken-Produktivität
Im günstigsten Fall bleibt die Preis-/Absatzfunktion erhalten. Bei scharfem Wettbewerb dürften die Preise mit deutlich negativen Wirkungen auf das Ergebnis eher sinken.

❹ Ökonomische Produktivität (= Gewinn oder Verlust)

Da die organisatorische Effizienz sinkt, steigt bei gleicher Leistung der Ressourceneinsatz. Das genügt, um bei sonst gleicher Ausgangslage in die Verlustzone abzutauchen. Wenn dann noch Wettbewerbsaktivitäten dazu führen, dass das Preisniveau am Markt sinkt, steigt der Verlust überproportional an.

Die aktuelle Rezession seit Mitte 2000 bietet zahllose Lehrbeispiele für das Funktionieren der Mittelmaß-Falle. Ruinöser Preis-Wettbewerb, bis die schwächsten Teilnehmer aus dem Markt ausscheiden oder zumindest ihre Kapazitäten unter Aufwendung hoher Restrukturierungskosten dem Markt angepasst haben: Baumarktketten, Fast-Food-Restaurants, Einzelhändler aller Art, Maschinenbauer, Werkzeugmacher, Verlage, Bank-Filialisten, Kino-Ketten. Die Liste nimmt kein Ende!

Jeder hofft, durch eine Preissenkung den Umsatz »retten« zu können. Statt dessen ist am Ende der Rohertrag weg und der Umsatz verharrt bestenfalls auf altem Niveau! Im Regelfall deutlich darunter, da jetzt die echten Preisführer ihre Stärke voll ausspielen können und Marktanteile im schrumpfenden Markt gewinnen. Am deutlichsten lässt sich dieser Zusammenhang auf den internationalen Automobilmärkten aufzeigen!

Es grenzt an Schizophrenie, dass gerade die Hersteller, die in der Mittelmaß-Falle sitzen, als erste mit Preisaktionen beginnen. In den USA waren das GM und Ford, gefolgt von Chrysler; in Deutschland VW, gefolgt von Opel und Ford. Manchmal offen als Rabatt, öfter getarnt als Finanzierungsmodelle, Altwagen-Rücknahme-Preise oder Gratis-Sonder-Ausstattungen. Im Endeffekt gab es Preisnachlässe von 10 bis 15 %! Mit welchem Effekt? Die Marktanteile sinken, statt zu steigen! Der Marktanteil von Chrysler ging von 1998 bis 2003 trotz Rabatten von 16,1 auf 12,8 % zurück, während Toyota von 8,7 auf 11,2 % zulegte. 2004 lagen beide Marken bereits auf »Augenhöhe« miteinander!

Warum? Die Kunden sehen: Aha, da hat wohl einer Schwierigkeiten! Da ist einer auf der Verliererstraße! Und wer kauft schon gerne bei Verlierern? Oder er sagt sich: Warten wir ab, morgen bekomme ich noch mehr Rabatt. Womit er erfahrungsgemäß sogar Recht hat!

Und in der Bilanz? Verluste im operativen Geschäft! Welche grandiose Management-Leistung! Das verdient wirklich Spitzengehälter! Statt sich darauf zu besinnen, etwa die »Organisatorische Produktivität« nachhaltig zu verbessern oder die technologische Produktivität! Aber das ist ja mit Mühe und Arbeit verbunden.

Dabei machen uns die Japaner genau das vor: Permanente Verbesserungen in den Prozessen und am Produkt über Jahrzehnte hinweg bedingen eine Gesamtproduktivität, die für Anbieter in der Mittelmaß-Falle kaum noch einholbar ist! Beste Ratings in der Qualität, gepaart mit einem vernünftigen »Pricing« bei kompletter Ausstattung der Fahrzeuge: Das ist doch, was der Käufer sucht! Warum ist das so schwer, unseren grandiosen Unternehmern in Europa und in den USA eben dies zu vermitteln? Wir glauben immer noch, die Probleme auf bequeme Art in den Griff zu bekommen. Preisliste ändern - fertig! Das ist es aber definitiv nicht, lieber Leser! Spitzenleistung ist ganz harte Arbeit im Detail!

Damit stellt sich die zentrale Frage für diese Unternehmer: Wenn Sie vorher schon keine vernünftige organisatorische Produktivität hervorgebracht haben, wie wollen Sie dann einen Preisverfall von 5 oder gar 10 % kostenmäßig auffangen? Die Spirale schraubt sich gnadenlos nach unten und das böse Ende ist (fast) nicht mehr aufzuhalten.

Also, was bleibt? Wir kehren zurück zu Kapitel 3: Als Preisführer bleibt, dass Sie auf der Leistungsseite (bei der organisatorischen Produktivität) deutlich mehr Steigerung hinbekommen als Ihre Gesamtkosten steigen bzw. als die Preise sinken. Das heißt, Sie rationalisieren total, produzieren in Ländern mit den weltweit günstigsten Standortkosten, werfen allen Ballast über Bord usw. Und das nur, um Ihr Ergebnis dadurch zu optimieren, dass Sie im Kostensenken viel schneller als Ihre Wettbewerber sind. Sie stellen schlichtweg zunächst alles in Frage!

Aber das können Sie nur schaffen, wenn eine »digitale« strategische Weichenstellung erfolgt: Preisführerschaft ist unser Spiel. Sonst bleiben Sie garantiert wieder auf halber Strecke stecken! Wenn Sie sich nicht wirklich konsequent positionieren, kommt keine Erfolgsspirale in Gang.

Wenn es Ihnen gelingt, einen dosierten Teil Ihres Kostenvorteils, den Sie sich so hart erarbeitet haben, in gezielten Preisanpassungen weiterzugeben, können Sie schrittweise die Mengen steigern, wodurch Sie wieder den Umsatz erhöhen, Kostenvorteile der Mengen-Degression nutzen, noch mehr rationalisieren - und so weiter, bei wunderbar steigenden Gewinnen und immer mehr Marktanteilen bei beherrschter Komplexität! Die vier Schlüsselfragen sind mit einem klaren »Ja« zu beantworten! Genau!

So entwickelt sich der klassische Preisführer! Aber seine Gewinnspirale dreht sich nur richtig nach oben, wenn er absolute (Kosten-)Spitze ist. Sonst nicht! Womit wir wieder bei unserer Kernaussage sind: Nur Spitzenleister haben im Hyperwettbewerb langfristig eine Chance. Und wer im Kostensenken Spitze ist, kann in überbesetzten Märkten nicht auch auf der Leistungsseite Spitze sein (Ausnahme: Märkte mit sehr wenigen Anbietern)! Warum? Weil Leistungsführerschaft stets Grundaufwendungen auf der Absatzseite erfordert wie Investitionen, Engineering, Marketing, Werbung oder die Qualifikation der Mitarbeiter, die sich der klassische Preisführer niemals leisten würde und auch nicht leisten kann - sonst ist es vorbei mit der Führerschaft!

Ryan Air leistet sich nicht Frankfurt Rhein-Main als Flughafen, sondern Haan. Bei Aldi gibt es keine Randsortimente und bei DELL gibt es eben keine Lager, um Exoten-PC für Nischenkunden vorzuhalten. Das alles sind Konsequenzen einer klar auf Preisführerschaft ausgerichteten Politik. Der Erfolg gibt diesen - und allen anderen Preisführern - Recht!

Aber wie sieht dann die Erfolgsspirale für einen Leistungsführer aus? Relativ einfach: Durch gezielte Segmentierung seines Marktes schafft er es, sich in der technologischen Produktivität (hat nichts mit Technik zu tun, sondern gilt ebenso für Dienstleistungen) von seinen Wettbewerbern nachhaltig abzusetzen. Er bietet im Produkt oder der Dienstleistung das Quentchen mehr, das die Kunden seines Zielsegments lieben und schätzen und wofür sie bereit sind, einen höheren Preis zu akzeptieren - mindestens aber mehr zu kaufen.

Das kann die angenehme Einrichtung des Restaurants mit perfektem Service sein oder die Montagefreundlichkeit der Hydraulikpumpe, die 10-Jahres-Garantie für die Waschmaschine oder das »Schäumverhalten« einer Chemikalie bei der Textilveredelung oder die Beratungskompetenz und die Ehrlichkeit des Anlageberaters bei der Bank.

Gelingt es, diesen von den Kunden geschätzten Leistungsvorteil auszubauen, bis der Abstand zum Wettbewerb für breite Käuferschichten des Marktes wahrnehmbar wird, lassen sich zwei Dinge zusätzlich bewerkstelligen: Sie können sich preislich sofort von Ihren Wettbewerbern differenzieren und treiben die Markenproduktivität auf eine neue, höher liegende Preis-/Absatzfunktion. In beiden Fällen steigen Umsatz und Gewinn, so lange Sie die organisatorische Produktivität im Griff haben, solange also diese Produktivität mindestens konstant bleibt und nicht sinkt! Sie entwickeln sich in Ihrem Marktsegment schrittweise zum Leistungsführer!

Sowohl als Preis- als auch als Leistungsführer haben Sie die Chance, Ihre Gewinne bei steigenden Marktanteilen kontinuierlich zu steigern, sofern Sie in beiden Strategien absolute Spitzenleistung bieten! Tun Sie das nicht, fallen Sie zurück ins Mittelmaß. Vorbei ist es mit der Freude!

Schade, dass diese einfachen Zusammenhänge nicht weiter verbreitet sind. Der Mittelmaß-Einheitsbrei dominiert bis heute viele Märkte - bei katastrophalen Renditen (vielfach nur deshalb noch über der Null, weil stille Reserven peu à peu versilbert werden) und keiner traut sich, zu sagen:»He, Du, wenn Du nicht sofort eine radikale Kehrtwende bei

Dir und Deiner Unternehmung hin zu einer der beiden »Spitzen-Pole« nimmst, ist es auch bei Dir in absehbarer Zeit vorbei«! Und wahrscheinlich ist es leider heute schon bei vielen Unternehmen jeder Größenordnung zu spät! Bedauerlich für die vielen Mitarbeiter, die durch Unfähigkeit dieser Unternehmer arbeitslos werden. Das sind die Opfer. Die Täter sind die Unternehmer!

Noch eine Bemerkung zur Erfolgswahrscheinlichkeit der beiden »Spitzen-Strategien«, nicht dass Sie hier teures Lehrgeld zahlen müssen! Bevor Sie sich entscheiden, hier noch ein paar wesentliche Hinweise:

> ► Schätzen Sie gemeinsam mit einem Fachmann ab, wo Ihr Unternehmen hinsichtlich der organisatorischen Produktivität aktuell steht. Wie viel Kostensenkungspotenzial sehen Sie, ohne die Leistungsfähigkeit merklich zu schmälern?
> ► Messen Sie die Positionierung zu Ihren Wettbewerbern in Bezug auf die wichtigsten Produkte bzw. Dienstleistungen: Welches Leistungsniveau (vom Kunden wahrgenommen) bieten Sie heute zu welchem Preis? Wie groß ist Ihr Leistungsabstand? Wie groß ist Ihr Preisabstand?
> ► Aus der Beantwortung der ersten beiden Fragen ergeben sich bereits erste Schlüsse: Sind Sie heute eher in der angebotenen Leistung Ihrem Wettbewerb überlegen? Ja? Erkennen Sie womöglich auch noch gewisse Preisspielräume? Das müssen jetzt nicht gleich 20 % sein, aber vielleicht 5 %. Ja? Und Sie sehen Chancen, das Kostenniveau bei etwa der gleichen Leistung um ebenfalls 5 bis 10 % zu senken?

Dann bestehen gute Chancen für eine Leistungsführerschaft. Aber Sie müssen sich sehr eng auf eines oder wenige Marktsegmente konzentrieren. Die Zeit des »von allem etwas« ist endgültig vorbei!

Oder ist es doch eher so, dass Sie bei eindeutiger Fokussierung auf Preisführerschaft heute noch so viel Kostenballast abwerfen können, dass Sie eine realistische Chance sehen, sich in der Industrie-Kosten-kurve ganz vorn zu platzieren? Und zwar, ohne dass Sie fünf Jahre Vor-bereitungszeit brauchen, die Sie wahrscheinlich nicht mehr haben.

Wichtige Voraussetzung ist, dass Sie überhaupt noch Substanz haben im Unternehmen, mit der Sie den Aufbau der Preis- oder Leistungsfüh-rerschaft finanzieren können. Der Weg zur Leistungsführerschaft hat in der Regel einen gewaltigen Nachteil: Sie müssen oft ganz enorme Vor-leistungen erbringen, bis eine ausreichende Anzahl Kunden die Über-legenheit Ihrer Produkte und Dienstleistungen wahrnimmt und kauft. Wem hier unterwegs das Geld ausgeht, kann auch nicht Leistungsfüh-rer werden - so attraktiv die Leistung auch erscheinen mag. In diesem Fall ist es das oberste Gebot, für eine solide Finanzierung zu sorgen, bevor die Entscheidung getroffen werden kann, übrigens eventuell gerade auch durch gezielte Desinvestitionen in Bereichen, die nach Ihrer grundsätzlichen Festlegung nicht mehr in die Strategie passen.

Leider sind gerade Banken oft nicht bereit, den langen Weg zur Lei-stungsführerschaft mitzugehen. Deshalb empfehlen sich hier unter Umständen andere Finanzquellen. Neben der Finanzierbarkeit bedarf es noch einer Analyse der Markenproduktivität: Auf welchem »Anse-hensniveau« bewegt sich die Marke und auf welchem die Produkte? Leistungsführerschaft mit einer Marke, die »abgewirtschaftet« ist, ko-stet nicht nur ein Vermögen, sondern mehrere. Sind aber mit einer unbeschädigten Marke ordentliche Voraussetzungen gegeben, ist der Weg frei zu einer prosperierenden Zukunft mit Spitzenleistungen!

Sind Ihre angebotenen Leistungen heute eher Mittelmaß oder im unte-ren Bereich angesiedelt, dürfte der Preisdruck tagtäglich zu spüren sein. An Preissteigerungen ist nicht zu denken, eher an Preisverteidi-gung - so gut und so lange es eben geht! Erkennen Sie Kostensen-kungspotenziale? Selbst dann, wenn dadurch die Leistungsfähigkeit (etwas) negativ beeinflusst wird? Ja? Wo liegen sie? Im Produkt? In den Standortkosten? Im »Overhead«? Bitte machen Sie eine möglichst exakte Abschätzung und ermitteln Sie, welche Aufwendungen bzw. Investitionen erforderlich sind, um die Kostenpotenziale zu erschließen!

Verfügen Sie über diese Mittel, etwa durch den Verkauf nicht betriebsnotwendiger Vermögensgegenstände? Ja? Prima! Wenn nicht, sind Banken für angehende Preisführer relativ dankbare Gesprächspartner. Davon verstehen viele Banken interessanterweise etwas, während sie von Leistungsführerschaft merkwürdigerweise recht wenig wissen!

Unterschätzen Sie die Aufwendungen nicht: Personalabbau kostet richtig viel Geld. Oft müssen Produkte »reengineered« werden mit Entwicklungskosten, Werkzeugkosten usw. Standortverlagerungen kosten auch viel Geld: Abbau hier, Aufbau dort. Alles will finanziert sein!

Und vergessen Sie nicht, Ihren (verbliebenen) Mitarbeitern die Vision vom Preisführer zu vermitteln, und zwar mit allen Chancen, die dahinter stehen. Sonst kippt die Motivation, was Ihre organisatorische Produktivität sofort wieder nach unten drückt! Wenn Sie schon Personal abbauen müssen, dann in einem Schnitt. Keine »never ending Story«! Das wäre tödlich für Ihr Betriebsklima.

Sie sehen, alles keine Hexerei: Klare Standortbestimmung und saubere Erkenntnis der wahren Lage. Dann je nach Ausgangsbasis entscheiden: Preisführer oder Leistungsführer - und ran an die Knochenarbeit!

Jetzt gibt es noch die Fälle, die schon so ausgelaugt und ausgemergelt sind, dass die Grundsubstanz weder für die eine noch für die andere Strategie reicht. Der Betrieb hat keine stillen Reserven mehr, die Eigenkapitalquote ist schon einstellig, das Markenimage hat schon einen leichten »Verwesungsgeruch«. Nur ein Ratschlag für diese »Unternehmer«: Akzeptieren Sie, dass Sie in der Vergangenheit versagt haben und geben Sie das Unternehmen so schnell wie möglich ab: An wirkliche Unternehmer, die über ausreichend Mittel verfügen, um die eine oder andere Strategie mit dieser Firma erfolgreich zu verfolgen.

Und wenn am Ende wenigstens ein paar Arbeitsplätze erhalten bleiben - das sind Sie diesen Mitarbeitern schuldig! So brutal ist »wirtschaften« geworden! Schade, dass es nicht öfter auch so veröffentlicht wird!

Das Fatale an den Erkenntnissen: Sie können die Grundsatzentscheidung nicht aussitzen. Das können Politiker, aber Unternehmer können das im Hyperwettbewerb definitiv nicht. Globalisierung, Überkapazitäten und, und, und. Aber jetzt fangen wir das Buch nicht nochmal an.

Ich hoffe, dass Ihnen die aufgezeigten Zusammenhänge auch bei einer Merger-Entscheidung helfen. Denn auch dazu werden Sie ein klares Bild benötigen, wo Ihr Übernahme-Kandidat strategisch präzise steht. Gehört das Unternehmen heute schon zu den Leistungs- oder Preisführern der Branche, ist es eine Frage des Kaufpreises, ob es sich für Sie rechnet. Ganz hohe Renditen werden in diesem Fall für das eingesetzte Kapital nicht zu erzielen sein, da die Erträge bzw. das Ertragspotenzial im Kaufpreis abgebildet sein dürften.

Ist es weder noch, ist es wieder eine Frage des Kaufpreises, ob er niedrig genug ist, dass es genügend Spielräume gibt, um das Unternehmen dorthin zu entwickeln, wo Sie es haben wollen - ob als Kosten- oder Leistungsführer. In beiden Fällen wird es mehr Zeit und Geld erfordern, als Sie sich ausmalen. Also muss der Kandidat ein »Schnäppchen« sein, damit Sie über die Risikoprämie dafür vergütet werden, dass Sie aus Mittelmaß Spitzenleistung machen. Ist dies nicht der Fall, lassen Sie die Finger weg! In überbesetzten Märkten mit negativer Konjunkturprognose können Sie nur Geld verlieren.

Sie sind mir bis hierher gefolgt. Damit erübrigen sich weitere Erklärungen! Ich danke Ihnen, dass Sie sich die Zeit für dieses Buch genommen haben. Wenn Sie jetzt aktiv werden und die notwendigen Dinge beherzt angehen, wünsche ich Ihnen den Erfolg, den Sie verdienen. Geben Sie nicht auf, auch wenn Sie gelegentlich durch tiefe Täler gehen. Das Ergebnis wird Sie in wenigen Jahren reichlich belohnen!

Allen, die das Buch gelesen haben und trotzdem untätig bleiben, sei gesagt: Ab sofort müssen Sie sich von Ihren Mitgesellschaftern und Ihrer Belegschaft vorhalten lassen, dass Sie vorsätzlich handeln. Mit Fahrlässigkeit und »das wusste ich so auch nicht« ist es vorbei! Moralisch ist Vorsatz anders als Fahrlässigkeit zu werten - das wissen Sie!

Aus Sorge um die Unternehmerkultur im Allgemeinen und unseren Standort Deutschland im Besonderen wünsche ich mir, dass die wahren Unternehmer das Heft wieder in die Hand nehmen, statt nach dem Staat, nach Subventionen und Regulierung zu rufen, bevor es zu spät ist und wir wirtschaftlich eine Kolonie der Chinesen oder Koreaner sind!

Dass trotz aller guten Vorsätze und aller Festlegungen immer noch einiges schief gehen kann, zeigt das abschließende Kapitel dieses Buches auf. Ein Unternehmen auf den richtigen Kurs einzustellen, ist eine Sache und den Kurs konsequent beizubehalten, eine andere. Mit Letzterem wollen wir uns daher ganz bewusst näher befassen.

5. »KEEP ON TRACK«: LANGFRISTIG ERFOLGREICH BLEIBEN

Wir kennen Sie alle - diese Musterbeispiele, die durch die einschlägigen Magazine geistern! Super, toll, fabelhaft - ohne jeden Neid. Nur leider haben diese Beispiele oft eine Halbwertzeit von wenigen Jahren - zu wenig, um von wirklich nachhaltig erfolgreicher Unternehmensführung zu sprechen, da wir in Jahrzehnten messen und nicht in Jahren, von Quartalen wollen wir hier gar nicht reden.

Das scheint schon um einiges schwieriger zu sein, aber bei weitem nicht unmöglich, wie ein Blick auf die »Hidden Champions« von Professor Hermann Simon zeigt (»Die heimlichen Gewinner«, Frankfurt 1997). Dort sind Unternehmer am Werk, die ihre Erfolgsgeschichte langfristig beherrschen und ihre Position in den Märkten konsequent ausbauen - stets gestützt auf Preis- oder Leistungsführerschaft.

WESENTLICHE HEBEL FÜR ERGEBNISVERBESSERUNGEN

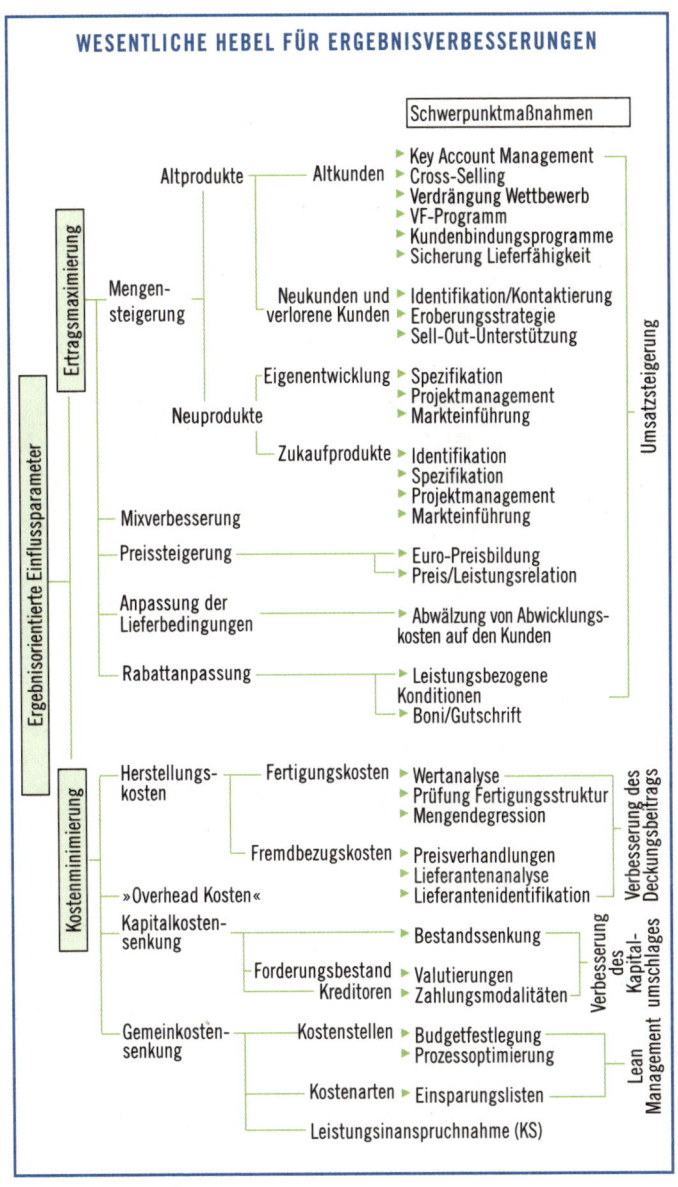

Schwerpunktmaßnahmen

Ergebnisorientierte Einflussparameter

Ertragsmaximierung

Mengensteigerung

Altprodukte — Altkunden
- Key Account Management
- Cross-Selling
- Verdrängung Wettbewerb
- VF-Programm
- Kundenbindungsprogramme
- Sicherung Lieferfähigkeit

Neukunden und verlorene Kunden
- Identifikation/Kontaktierung
- Eroberungsstrategie
- Sell-Out-Unterstützung

Neuprodukte

Eigenentwicklung
- Spezifikation
- Projektmanagement
- Markteinführung

Zukaufprodukte
- Identifikation
- Spezifikation
- Projektmanagement
- Markteinführung

Mixverbesserung

Preissteigerung
- Euro-Preisbildung
- Preis/Leistungsrelation

Anpassung der Lieferbedingungen
- Abwälzung von Abwicklungskosten auf den Kunden

Rabattanpassung
- Leistungsbezogene Konditionen
- Boni/Gutschrift

Umsatzsteigerung

Kostenminimierung

Herstellungskosten

Fertigungskosten
- Wertanalyse
- Prüfung Fertigungsstruktur
- Mengendegression

Fremdbezugskosten
- Preisverhandlungen
- Lieferantenanalyse
- Lieferantenidentifikation

»Overhead Kosten«

Kapitalkostensenkung
- Bestandssenkung

Forderungsbestand
- Valutierungen

Kreditoren
- Zahlungsmodalitäten

Gemeinkostensenkung

Kostenstellen
- Budgetfestlegung
- Prozessoptimierung

Kostenarten
- Einsparungslisten

Leistungsinanspruchnahme (KS)

Verbesserung des Deckungsbeitrags

Verbesserung des Kapitalumschlages

Lean Management

Was gehört dazu, um nach klarer Festlegung langfristig auf der Erfolgsspirale zu bleiben? Das beginnt mit der operativen Fünfjahresplanung, die in die Jahresbudgetierung mündet: Welche unternehmerischen Hebel haben Sie in der Hand - je nach Positionierung Preis- oder Leistungsführerschaft - um Ihre Roherträge bzw. um die Umsatzrendite mittelfristig zu verbessern? Werden Sie sich über diese Hebel klar! Hier ein Baum möglicher Ergebnishebel, wie wir sie für unser Unternehmen erkannt haben. Diese oder ähnliche werden Sie auch finden.

Den Hebeln auf der Ergebnisseite stehen immer auch Belastungen auf der Kostenseite gegenüber, die genauso transparent werden müssen. Dies sind zum einen Kostensteigerungen, die Sie im Hinblick auf Tarife, Transportkosten, neue Umweltauflagen, Sonderaufwendungen im Gebäudebereich, Maschinen usw. gar nicht verhindern können.

Hinzu kommen Kosten für Projekte, mit denen Sie Ihr Unternehmen im »State of the Art« halten. Sie brauchen bei neuen Dingen nicht immer der Erste zu sein, wenn aber erkennbar ist, dass sich gewisse Trends durchsetzen und bewähren, müssen Sie mitziehen, sonst veraltet Ihre Firma schleichend und die Aufwendungen werden plötzlich so groß, dass es richtig weh tut. Da müssen Gebäude modernisiert und neue DV-Lösungen installiert werden, neue Fertigungsverfahren setzen sich durch, das Internet kommt mit E-Commerce, außerdem Erweiterungs- und Ergänzungsinvestitionen, um die gesteigerten Mengen wirtschaftlich »handeln« zu können.

Dies alles ist so in Einklang zu bringen, dass die Wirkung der Ergebnishebel abzüglich der Kostensteigerungen in Summe stets ein höheres Ergebnis ergibt! Das ist die oberste Spielregel, da wir nur so die Eingangsfragen auch in zehn Jahren noch mit »Ja« beantworten können!

Grafisch können die Effekte mit der »Source of Change« oder der »Ergebnisschaukel« dargestellt werden. Die ergebnissteigernden Wirkungen müssen die Kostenbelastungen in jedem Fall übersteigen.

DIE ERGEBNISENTLASTENDEN FAKTOREN MÜSSEN JÄHRLICH GRÖSSER SEIN, ALS DIE ERGEBNISBELASTENDEN FAKTOREN! GEFÄHRLICH WIRD ES, WENN STRATEGISCHE »MUSS-PROJEKTE« ANFALLEN, DIE NICHT DURCH ERGEBNISENTLASTUNGEN AUSGEGLICHEN WERDEN KÖNNEN!

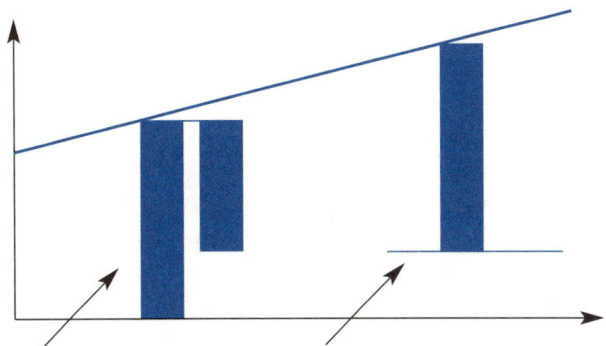

Ergebnisbelastungen:

Welche Faktoren werden sich im kommenden Jahr belastend auf das Ergebnis auswirken?

▶ Strategische »Muss-Projekte«
▶ Strategische »Kann-Projekte«
▲ Allg. Kostenentwicklung (Inflation)
▶ Folgekosten aus Investitionen
▶ Preissenkungen
▶ Rabatterhöhung
▶ Verkaufs-Mix-Verschlechterungen
▶ Umsatzproportionale Kosten
▶ Umsatzrückgänge
▶ Umlaufkapitalerhöhungen
▶ Produktivitätssenkungen bei MGK und Werken
▶ Verkaufsaufwendungen im Vertrieb

Ergebnisentlastungen:

Welche Faktoren werden sich im kommenden Jahr entlastend auf das Ergebnis auswirken?

▶ Einkaufspreissenkungen
▶ Produktionskostensenkungen
▶ Umsatzsteigerungen (bestehendes Programm/Neuheiten)
▶ Preissteigerungen
▶ Rabattabsenkungen
▶ Auslauf von Projekten
▶ Verkaufs-Mix-Verbesserungen
▶ Kostenabbau (Deflation)
▶ Folgewirkungen von Desinvestitionen
▶ Umlaufkapitalsenkungen
▶ Produktivitätssteigerungen bei MGK und den Werken
▶ Produktivitätsverbesserungen im Vertrieb

Die Planung ist ein interaktiver Vorgang, bei dem jeder Hebel einzeln zu beleuchten ist und am Ende monetär bewertet wird.

Da einer der Haupthebel - der Umsatz - mit konjunkturellen Unwägbarkeiten behaftet ist, empfiehlt es sich, bestimmte Kostensteigerungen - insbesondere Projekte und die Einstellung neuer Mitarbeiter sowie einmalige Gemeinkostenpositionen nicht »en bloc« für das ganze Jahr freizugeben, sondern unterjährig - so wie Ihr Gefühl Ihnen Sicherheit gibt, dass die Ergebnishebel wirklich die gewünschte Wirkung zeigen.

Beispielsweise geben wir einen Teil der Projekte im April - wenn das erste Quartal gelaufen ist - frei (oder auch nicht) und einen zweiten Teil im Juli, wenn wir das erste Halbjahr kennen. So erleben wir unterjährig keine allzu bösen Überraschungen, weil in diesen »Töpfen« im Regelfall genügend Reserven stecken, um auch eine Planverfehlung im Umsatz von 5 bis 8 % abfedern zu können - und trotzdem noch einen - wenn auch marginal - steigenden Gewinn ausweisen zu können!

Das gibt dem Management und den Mitarbeitern das Gefühl: Die haben die Dinge im Griff, weil sie nicht im Dezember oder Januar Dinge freigeben, die sie im März oder April schon wieder korrigieren müssen. Ich habe tatsächlich schon erlebt, dass Fachabteilungen noch Einstellungsgespräche geführt haben, während der Personalbereich konkrete Sozialpläne ausgearbeitet hat! Das ist Unsinn und muss - so schwer es fällt - vermieden werden. Aber es passiert - kein Einzelfall - jeden Tag!

Andererseits kenne ich auch Fälle, in denen sich Unternehmer selbst und ohne Not aus einer Führungsposition heraus in die Mittelmaß-Falle manövriert haben. Statt zu akzeptieren, dass der Umsatz in Zeiten konjunktureller Abschwünge auch einmal stagnieren kann - solange der Marktanteil steigt - wurden dort Maßnahmen ergriffen, die zwingend in die Mittelmaß-Falle führen. Ich hoffe nicht, dass sich meine Befürchtungen bei Miele dahingehend bestätigen. Erste Anzeichen für ein Abgleiten ins Mittelmaß sind jedoch leider erkennbar. Statt an der

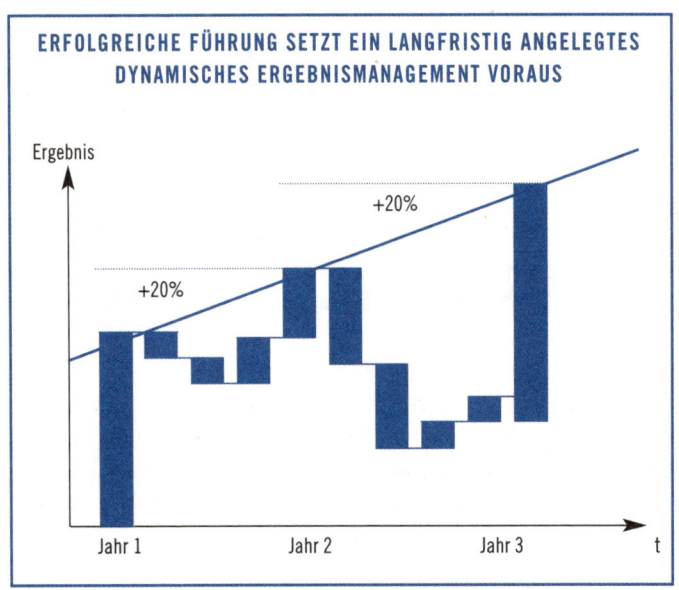

ERFOLGREICHE FÜHRUNG SETZT EIN LANGFRISTIG ANGELEGTES DYNAMISCHES ERGEBNISMANAGEMENT VORAUS

Ergebnis

+20%

+20%

Jahr 1   Jahr 2   Jahr 3   t

bewährten Preis- und Markt-Positionierung festzuhalten, werden neue Absatzkanäle erschlossen oder preisliche Flexibilitäten praktiziert, die den Marktteilnehmern signalisieren: Die Markenposition wird schwächer! Sonst hätte es dieser Hersteller/Anbieter doch wohl nicht nötig...

Das geht ganz schnell, ist kaum zu korrigieren und das nur, weil kurzfristige (persönliche) Umsatzziele über der strategischen Markenpositionierung standen. Ich kenne genug Unternehmer, die alles dafür gäben, wenn sie diesen Fehler rückgängig machen könnten. Ein abgerutschtes Preisniveau wieder nach oben zu bewegen oder aus Distributionskanälen wie Baumärkten und Discount-Ketten wieder auszusteigen, ist im Regelfall nur mit Herkuleskräften zu bewerkstelligen. Und trotzdem werden diese Fehler jeden Tag aufs Neue gemacht.

Es ist der »Mega-Gau« für ein langfristig auf Erfolg ausgerichtetes Unternehmen, wenn klassische Markenartikel bei Discountern als

»Private Label« vermarktet werden und alle Welt unter »www.lebens-mittelmarken.de« nachlesen kann, dass Aldis IBU Chips von Bahlsen, Desira von Campina und Bavaria Senf von Develey geliefert werden. Warum soll ein aufgeklärter Verbraucher dann noch das Marken-produkt zum regulären Preis kaufen?

Wenn ich noch keinen Preisdruck habe, kann ich mir das Problem auf diese Weise am schnellsten schaffen. Oder glauben Sie auch die nicht ausrottbare Mär, dass durch die Einführung einer »Billiglinie«, einer »Eco-Linie« oder einer »zweiten Produktschiene« zusätzliche Gewinne zu erwirtschaften sind? Ganze Branchen sind diesem Irrglauben verfal-len und verdienen heute weniger als je zuvor! Warum? Ganz einfach: Weil der eigene Außendienst im Handel und bei Kunden frohgemut die Botschaft verkündet: Endlich gibt es das Markenprodukt um ... % billi-ger! Kommt aus derselben Fabrik und hat dieselben Qualitätsstan-dards! Sie kennen uns ja, lieber Händler, lieber Kunde!

Sie können gar nicht verhindern, dass Ihre Mannschaft diese Botschaft so verbreitet. Und es wird umso schlimmer, je mehr Geheimnisse Sie darum machen: Die Nachricht breitet sich noch viel schneller aus! Für den Vertrieb ein einziger Triumph: Endlich ist es ihm gelungen, die Geschäftsführung zu überzeugen, dass wir nicht mehr verkaufen, weil wir einfach zu teuer sind! Das können wir nur beheben, indem wir ent-weder gleich die Preise senken oder eben - verschämter - eine Zweit-linie platzieren! So der gebetsmühlenartig vorgetragene Glaubenssatz.

Ich rate Ihnen nur: Beenden Sie diese Diskussionen so schnell wie möglich! Drehen Sie den Spieß sofort um und lassen Sie Ihren Ver-triebsleiter mit seiner ganzen Truppe vor laufenden Videokameras und ohne Vorwarnung Verkaufsgespräche führen!

Sie werden entsetzt sein, wie wenig Know-how im Sinne qualifizierter Produktberatung und Produktinformation vorhanden ist. Ich habe schon Workshops bei (Noch-)Leistungsführern erlebt, bei denen der

Vertrieb halbe Tage brauchte, um sich an zwei echte Produktvorteile zu erinnern! Am Ende waren es freilich nicht weniger als 16 klare und eindeutige Produkt-Differenzierungsmerkmale, von denen 14 völlig und über Jahre hinweg schlicht in Vergessenheit geraten waren!

Wer einen so miesen Vertrieb hat, muss sich über aufkommende Diskussionen bezüglich »Zweit-Marken« nicht wundern. Hier will sich nur eine ganze Mannschaft darum drücken, den harten Weg der Produkt-Argumentation zu gehen!

Es ist doch sehr viel leichter und bequemer, der Geschäftsführung die Zweit-Linie einzureden - und gelingt in konjunkturellen Schwächephasen auch recht gut - als seine Hausaufgaben zu machen und Produktmerkmale und Nutzenvorteile für den Kunden zu vermitteln!

Übrigens ein schönes Beispiel, um wieder beim »BASICON« anzuknüpfen. Wenn Sie im ersten Schritt hart hinterfragen »Warum sind wir zu teuer?« wird schnell klar: Weil der Vertrieb zu schlecht ist! Dann kümmern Sie sich bitte um das Problem, statt sich mit der Scheinlösung »Zweit-Linie« einen ganz neuen Sack voll Probleme aufzuladen.

Mehr ist dazu nicht auszuführen, was die Ergebniskontinuität anbelangt! Doch, noch etwas: Auch wenn es besser läuft als ursprünglich geplant, sollten Sie nicht übermütig werden und Projekte lostreten, die Ihnen in zwei oder drei Jahren, wenn es wieder nach unten geht, wieder leid tun! Denken Sie auch in guten Zeiten an den »Worst Case«! Der kommt leider immer öfter und immer schneller als man denkt! Fahren Sie das bessere Ergebnis ein - Steuer hin oder her - und tun Sie etwas für Ihre Eigenkapitalquote! Bauen Sie Schulden ab und bleiben Sie auf Ihrer Entwicklungskurve! Geduld und Weitsicht zahlen sich aus!

Es bleibt also die Frage: Jetzt kann uns doch wirklich nichts mehr passieren - oder? Wir haben alles gemacht, genau wie beschrieben. Jetzt sind wir sicher - oder? Leider nicht!

Ich möchte nur kurz einige Entwicklungen streifen, die immer noch dazu führen können, dass Ihre Firma in Schwierigkeiten kommt, obwohl Sie wirklich alles richtig gemacht haben.

Da sind zum einen technologische Trendbrüche: Dem Spitzen-Leistungsführer für Dampflokomotiven hat es gar nichts genutzt, noch etwas besser zu werden. Seine Modelle wurden einfach von Diesel- oder E-Loks ersetzt. Genauso erging es dem Preisführer für mechanische Uhren, als auf einmal Quarzuhren auf den Markt kamen.

Wenn Loewe heute kein deutsches Unternehmen mehr ist, dann nur deshalb, weil der technologische Trend zu Flachbildschirmen viel zu spät erkannt und verschlafen wurde, aus welchen Gründen auch immer. Oder das traurige Beispiel »Leica«. Eigentlich klarer Leistungsführer für professionelle Kameras und eine erstklassige Marke - aber leider den Trend zur Digital-Technologie verschlafen!

Diese Trendbrüche kommen im Regelfall nicht von heute auf morgen. Neue Technologien haben oft Diffussionsverläufe von mehreren Jahren, wenn nicht Jahrzehnten. Insofern hier nur der Ratschlag: Seien Sie auf der Hut. Beachten Sie auch »schwache Signale«. Jede Technologie kommt eines Tages an ihre Grenzen. Sie sollten von Zeit zu Zeit im Kreis Ihres engsten Führungsteams darüber nachdenken! Die Messung Ihrer Positionierung in der technologischen Produktivität gibt hier ganz gute Hinweise, wie ausgereizt Ihre Technologie heute ist.

Wenn Sie abzeichnende Veränderungen im Sinne solcher Trendbrüche nicht wahrnehmen, hat das oft mit einer weiteren Gefahr zu tun: Aufkommender Arroganz. Sie sind erfolgreich über Jahre, ja Jahrzehnte. Uns kann doch keiner! »Nothing fails like success« hat es einer mal sehr schön auf den Punkt gebracht. Ihre Mannschaft beginnt die Signale zu ignorieren und zwar auf der Technologieseite genauso wie auf der Kundenseite! Vorsicht! Da helfen gelegentliche kleine Schocks. Die müssen sein, damit alle aus dem Traum erwachen und sich wieder mit der Realität auseinandersetzen. Diese Schocks werden idealerweise bewusst vom Unternehmer initiiert. Als Unternehmer müssen Sie auch dafür sorgen! Ich weiß, Ihnen bleibt nichts erspart. Aber es ist so!

Ein drittes Risiko für den langfristigen Unternehmenserfolg besteht darin, dass die Risikobereitschaft mit dem Erfolg erlahmt. Vorstände werden nach EBIT vergütet, Gesellschafter freuen sich über hohe Ausschüttungen. Warum soll man nun riskante Zukunftsprojekte angehen?

Stellen Sie als Unternehmer oder Gesellschafter sicher, dass das Unternehmen stets genügend Projekte hat, die sich gegenseitig stützen: Dies gilt für die Erschließung neuer Ländermärkte wie für die Entwicklung neuer Produkte und Technologien, für die Fokussierung neuer Zielgruppen und die Investition in neue Geschäftsbereiche mit Zukunftspotenzial. Ein Teil der Mittel, die von Produkten und Dienstleistungen in der vierten Phase (»Ernten«) generiert werden, sollten gezielt in frische Projekte, die sich in der ersten und zweiten Phase befinden, fließen. Hierzu sollte die Geschäftsführung explizit angehalten sein.

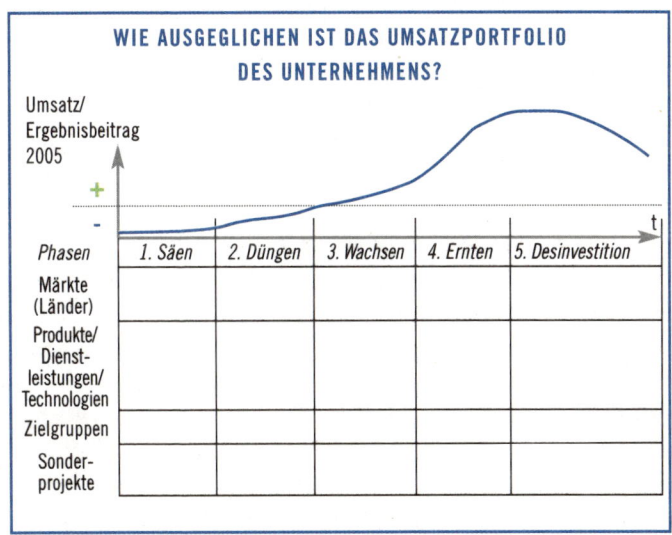

Doch gibt es noch eine vierte, ganz große Gefahr: Einen oder gleich mehrere Führungswechsel auf Top-Positionen Ihres Unternehmens, vor allem, wenn es um Quereinsteiger geht! Vielleicht die schwierigste Aufgabe überhaupt, die Firma dann auf der Erfolgsspirale zu halten. Meist beginnt das Problem mit der Definition des Profils für den »Top Manager«. Oft werden erfolgshungrige, durchsetzungsstarke Unternehmerpersönlichkeiten gesucht, an die sich fast übermenschliche Erwartungen knüpfen! Gewinnsteigerung, hohes Wachstum, Ausbau der Marktposition. Gepaart mit einem Vergütungsmodell, das den Zielen Nachdruck verleiht. Wen aber bekommen Sie ins Haus? Ja, exakt die Manager, die Sie suchen! Da kommen genau die Überflieger, die zwei Jahre hier und drei Jahre dort »sehr erfolgreich« gearbeitet haben, zumindest was kurzfristige Erfolge anbelangt. Und für so einen ist Ihr Unternehmen interessant - auf dem Sprung zum nächsten »Top Job«!

Je jünger die Leute sind, umso ambitionierter sind sie, »denen« mal zu zeigen, was in ihnen steckt, allerdings mit dem persönlichen Ziel, ihren Marktwert für »Headhunter« zu steigern. Indessen ist die Unsitte eingekehrt, dass der Marktwert offenbar sehr davon abhängt, wie sehr man sich »durchgesetzt« hat, wie viel man bewegt hat und wo man seine persönliche Handschrift und Duftnote hinterlassen hat. All dies aber ist meist total kontraproduktiv für ein Unternehmen, das sich bereits auf der Erfolgsspirale befindet und eigentlich den langfristigen Erfolg sucht.

Was machen diese Leute? Sie hinterfragen alles, was ja per se nicht schlecht ist. Aber sie greifen auch aus Prinzip in Bewährtes ein und nicht aus tiefster Erkenntnis, dass dies das Beste für das Unternehmen ist. »Operative Hektik bei geistiger Windstille« nenne ich das, denn ich habe schon manche Firma unter »Heißspornen« leiden sehen! Sie agieren immer gleich: Sinnlose Akquisitionen, Verwässerung der Markenpositionierung und kurzfristiges »Asset Stripping«. Das alles ist nicht neu!

Ihre Aufgabe ist, mit Eselsgeduld die Erfolgsrezepte Ihrer strategischen Führungsposition darzulegen und deutlich zu machen, dass »Erfolgs-

Kontinuität« bei Ihnen höheren Stellenwert hat als Veränderung nur um der Veränderung willen. Dies muss sich freilich im Wertesystem genauso abbilden wie in der Vergütung.

Lassen Sie sich nicht verrückt machen! Bleiben Sie beständig und nehmen Sie die Zügel, wenn es sein muss, wieder straffer in die Hand als Ihnen lieb ist. Und hüten Sie sich vor Leuten, die noch nie bei einer »Spitzenfirma« waren! Deren Maßstäbe können nicht Ihre sein! Das beginnt bereits in frühen Berufsjahren. Nur wer sich die besten Arbeitgeber in der Branche ausgesucht hat und dort erfolgreich war, bietet auch Ihnen eine Gewähr. Spitzenkräfte trainieren ihre Spitzenleistungen früh!

Damit sind wir bei einer fünften, nicht minder hässlichen Gefahr: Der Droge »Merger & Akquisitions«. Verstehen Sie mich bitte nicht falsch: Es kann sehr schön passen, da und dort Sortimente abzurunden, regionale Märkte zu »kaufen« und Technologien zu erwerben. Ich habe nichts gegen Merger! Aber so, wie sie heute oft begründet werden, nämlich aus schierer Größenphantasie, sind sie eine riesige Gefahr!

Dort, wo sich Kaufobjekte nahtlos in Ihre Strategie einbinden lassen, ist dies eine gelungene Sache, die Ihnen Freude macht und Sie auf Ihrer Spirale weiter nach oben bringt - vorausgesetzt, das Ganze rechnet sich und Sie können integrieren. Wenn aber der Schwanz mit dem Hund zu wedeln beginnt, sollten die Alarmsirenen schrillen.

Wenn eine Allianz Versicherung Ihr »AAA«-Rating verliert, weil sie die Dresdner Bank übernommen hat, war das eben zu viel! Dann kommt Hektik auf und es entstehen viel mehr Probleme als Problemlösungskapazitäten da sind. Das ist das eigentlich Gefährliche. Das Geld reicht, aber gibt es auch genug Problemlösungskapazität? Das ist doch der Punkt! Die Allianz wird das wieder richten, aber es kostet mehr Kraft als man angenommen hat. Denken Sie an die Buschfeuer von Daimler-Chrysler. Wenn keine Substanz da ist, wie bei diesem ehedem grundsoliden Giganten, gehen Merger in die Hose! Am Ende verlieren alle!

Es gibt keine verbindliche Grundregel, wo die Schmerzgrenze liegt: Bei 10, 20 oder bei 30 % von Ihrem Umsatz, den Sie zukaufen, oder bei 10, 20 oder 30 % der Mitarbeiter Ihrer Belegschaft, die Sie hinzu erwerben. Das hängt von sehr vielen Faktoren ab. Entscheidend ist: Wie mächtig sind die zu lösenden Probleme, die Sie sich »einkaufen« gemessen an der Problemlösungskapazität inklusive Berater, die Sie ebenfalls zukaufen können? Ich meine, die Verhältniszahlen liegen eher unter 10 als über 20 %. Aber diese Zahlen kann ich nicht belegen.

Hüten Sie sich auch vor Scharlatanen, die Ihnen Patentrezepte bieten, die verlockend klingen, weil sie angeblich nicht »weh tun«. Spitzenleistungen erreicht keiner im Schlaf! Auch wenn es konservativ ist und gar nicht »hip«: Lassen Sie sich nicht von Modekrankheiten infizieren, es sei denn, die Losung heißt: Absolute Spitzenleistung in meinem Markt!

6. ZUSAMMENFASSUNG

Spitzenleistungen: Dieses Credo zieht sich wie ein roter Faden durch das Buch. Aber rückblickend stellen Sie doch fest: Abgesehen von einigen persönlich harten Entscheidungen, sich von liebgewonnenen Dingen und Personen zu trennen, ist das doch gar nicht so schwer mit den Spitzenleistungen! Es ist nichts dabei, was intellektuell oder psychisch überfordert. Das meiste ist Methodik, Sinn und Verstand, Entscheidungen herbeizuführen und deren Umsetzung systematisch vorzubereiten. Halten Sie sich an die acht Schritte des »BASICON«, haben Sie die beste Gewähr, sich um die richtigen Probleme bzw. Chancen zu kümmern, die richtigen Entscheidungen zu treffen und diese systematisch umzusetzen. Was wollen Sie mehr?

In ihr Geschäft kehrt professionelle Ruhe ein und Sie werden unmittelbare Produktivitätsfortschritte feststellen. Wenn Sie die Methodik verstehen, muss natürlich auch die Richtung Ihrer Unternehmensentwicklung stimmen. Hier hilft der Prozess »T.O.S.« von Zeit zu Zeit, Ihnen den richtigen Weg zu weisen. Arbeiten Sie die Schritte systematisch ab und Ihnen wird klar, wie Sie sich strategisch bewegen müssen. Was »BASI-CON« für diszipliniertes Denken, ist »T.O.S.« für strategisches Handeln: Die richtigen, weil attraktiven, Marktsegmente adressieren, Kernkompetenzen entwickeln, die Organisation anpassen, Ziele definieren. Alles Schritte, um sicherzustellen, dass Sie den Überblick auch bei heftigen Marktturbulenzen behalten und die Marschrichtung nicht verlieren.

Fehlt nur noch die Dynamisierung des Geschäfts, um zur Produktivität und Effektivität das Wachstum zu generieren. Hier habe ich Ihnen mit der dynamischen Ergebnisplanung und dem Konzept »HELIX« eine Methodik vorgestellt, die hilft, Ihr Unternehmen mit Schub zu versehen! Da Wachstum von größter Bedeutung bleibt, um die vier Eingangsfragen langfristig mit einem klaren, eindeutigen »Ja« zu beantworten.

Die »Dreifaltigkeit« von Spitzenleistungen lässt sich also auf diese drei Dimensionen reduzieren: »BASICON«, »T.O.S.« und »HELIX«! Ich wünsche Ihnen viel Erfolg bei der Umsetzung dieser drei elementaren Prozesse in Ihrem Unternehmen auf dem Weg zur Spitzenleistung: Ihre Anstrengungen lohnen sich. Bitte glauben Sie mir!

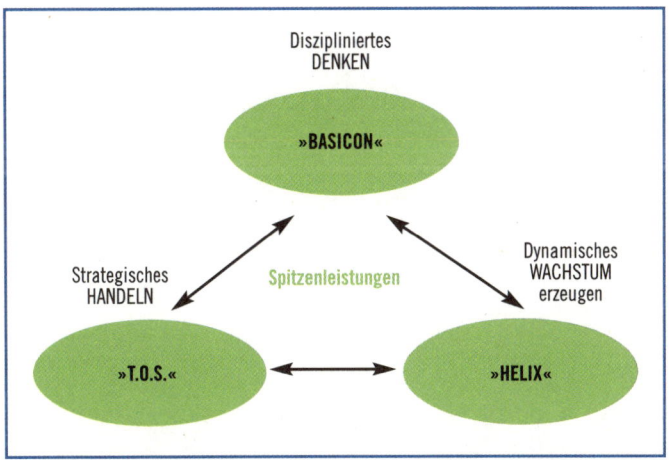

VERLAGSWERBUNG